LE BIG BANG

Paul Mallet

LE BIG BANG

LES ORIGINES DE L'UNIVERS

EDITIONS ESI

✧ Sommaire ✧

LE BIG BANG

VOIR ET PENSER LE COSMOS

ÉTOILES ET GALAXIES

✧ Sommaire ✧

Le ciel, miroir de nos origines

Le ciel est rempli de dieux et de héros. Les planètes s'appellent Jupiter, Mars ou Vénus, les constellations Hercule, Orion ou Cassiopée. Le Soleil est la grande déesse Amaterasu chez les Japonais, Rê pour les Égyptiens et Apollon chez les Grecs de l'Antiquité. L'homme l'a pressenti en y plaçant tous ces personnages, en s'inspirant des astres pour construire quantité de mythes fondateurs et en voulant trouver une logique à l'ordonnancement des cieux : c'est dans l'espace immense posé au-dessus de sa tête que s'est écrit le récit de ses origines et c'est dans le ciel que nous n'avons cessé de chercher la réponse à la question : « D'où venons-nous ? ». En essayant de comprendre les astres, nous avons toujours voulu nous comprendre nous-mêmes. C'est donc tout naturellement que l'astronomie fait partie des sciences les plus anciennes. Pourtant, ce n'est qu'à partir de 1609 qu'elle a pris son essor. Cette année-là, l'Anglais Thomas Harriot et l'Italien Galilée braquent pour la première fois une lunette vers le ciel, donnant naissance à l'astronomie moderne qui consiste à porter le regard là où l'œil humain s'arrête et à voir toujours plus loin dans l'espace. Cela revient à remonter dans le passé du cosmos, car les images que nous recevons des étoiles et des galaxies lointaines ont mis des milliers, des millions voire des milliards d'années à nous parvenir. Certains des astres que nous observons dans un télescope ont en réalité disparu depuis longtemps et les astronomes sont en quelque sorte les archéologues de l'Univers. À bien y réfléchir, il s'agit tout de même de drôles de chercheurs. Quel paradoxe vivent ces scientifiques à ne jamais pouvoir toucher, découper, tester l'objet de leur passion ! À l'exception des roches et des poussières lunaires rapportées par les missions américaines Apollo et des météorites tombées sur la surface de la Terre, jamais ils n'ont pu manipuler physiquement de morceaux d'astres… Qu'à cela ne tienne, les astronomes sont des télétravailleurs. Leurs mesures se font à distance et les ondes électromagnétiques émises par les étoiles ou réfléchies par les planètes sont pleines de renseignements cryptés. À qui sait les décoder, elles disent des températures, elles livrent des compositions chimiques, elles donnent des vitesses. Le télescope se fait tour à tour thermomètre, paillasse et cinémomètre. L'astrophysique est une science des extrêmes, du calcul et de l'imagination. Pour retracer l'histoire de l'Univers depuis le big bang jusqu'au temps présent, il a fallu jongler avec l'impératif de la gravitation, qui commande aux astres massifs ainsi qu'aux grandes distances, et avec la physique des particules, qui se cantonne à l'infiniment petit et règle la vie de la matière. Il a fallu modéliser l'apparition des protons, des neutrons, des électrons, puis des atomes qu'ils constituent, calculer le comportement de cette soupe primordiale dans le cosmos naissant, comprendre comment on a pu passer de ces immenses nuages de gaz à la première génération d'étoiles, celle dont nous sommes tous plus ou moins directement les enfants, les héritiers. Car c'est dans les forges stellaires que se sont fabriqués les éléments qui nous paraissent banals : ce carbone, cet oxygène, cet azote, ce silicium, ce fer sans lesquels ni la Terre ni la vie ne seraient apparues. L'histoire de l'Univers est celle d'une complexification croissante, un peu à l'image de ce qu'est la vie sur notre planète. Là aussi, c'est de la mort des étoiles que naissent d'autres étoiles, différentes, plus riches, plus complexes, capables de vivre plus longtemps. C'est aussi une histoire de violence : les galaxies s'entrechoquent, les étoiles entretiennent en elles le feu thermonucléaire puis finissent, pour les plus grosses, par exploser de manière spectaculaire, expulsant une partie de leur cadavre dans l'espace comme pour l'ensemencer et créant parfois, avec ce qui reste, de véritables monstres cosmiques qui défient l'entendement : étoiles à neutrons plus lourdes que notre Soleil, mais pas plus grandes que Paris, ou trous noirs gloutons, dévoreurs ultimes de matière d'où rien ne ressort jamais, pas même la lumière. Dans l'Égypte antique, on pensait que le Soleil, Rê, était sorti de l'océan originel avant de donner naissance à l'air, à l'eau, à la Terre et au ciel. En Grèce, Hésiode raconte dans sa Théogonie que du chaos initial sont issus Éros, le désir amoureux, et la Terre, Gaia. Dans l'Ancien Testament, la Genèse dit comment Dieu a d'abord créé la lumière puis la Terre, la végétation, le Soleil et la Lune, les animaux et l'homme. L'astrophysique s'inscrit à sa manière dans le droit fil de ces cosmogonies. Tout comme ces récits mythiques, elle retranscrit l'histoire de l'Univers et même si les termes qu'elle emploie sont un peu techniques, cette science nous livre un récit fabuleux, une épopée dont les héros sont l'espace, la matière et l'énergie, mais aussi, pour une petite partie de l'histoire, les hommes.

Le big bang

Mystérieux big bang

Considéré à tort comme une grande explosion primordiale, le big bang (terme inventé dans les années 1920) est une histoire qui raconte comment notre Univers s'est révélé à lui-même. Une histoire qui fait apparaître les notions de matière, d'espace et de temps telles que nous les connaissons.

Au commencement était le mystère. Et non pas le big bang. « Origine de l'Univers » et « explosion primordiale » ont beau être des expressions fréquemment associées avec la théorie du big bang, il s'agit d'un malentendu. Le big bang n'est pas un point de départ mais une histoire qui raconte comment un monde originel, où nos notions de temps, d'espace et de matière n'ont pas cours, est devenu notre Univers palpable et temporel à partir d'une série d'événements primitifs.

Le modèle cosmologique du big bang est né dans les années 1920 suite à plusieurs avancées de la science. Il y eut tout d'abord la découverte de la relativité générale par Albert Einstein et son idée que l'Univers est homogène et sans direction privilégiée : cela signifie qu'à petite échelle, la structure du cosmos est la même quelle que soit la direction dans laquelle on regarde. Derrière cette idée, on retrouve un héritage de Copernic puisque cela revient à dire que l'homme n'occupe pas de place privilégiée dans le cosmos... Appelé « principe cosmologique », le concept était osé car on ignorait alors à quoi ressemblait l'Univers et l'on n'avait pas encore découvert les autres galaxies, ce qui fut fait en 1924 par Edwin Hubble.

On doit une autre avancée théorique faite à la même époque au Russe Alexandre Friedmann puis au Belge Georges Lemaître. Ils trouvèrent des solutions à la relativité générale impliquant un

Univers en expansion alors qu'Einstein avait imaginé un monde statique, ce qui fut sans doute la plus grosse erreur de sa carrière. Lorsque Hubble, encore lui, prouve en 1929 que l'Univers est bien en expansion, le modèle de Lemaître et les calculs de Friedmann sont validés, ce qui est lourd de conséquences pour la cosmologie…

La barrière des connaissances

Car, si l'Univers est en expansion, cela implique nécessairement qu'il fut une époque où il était beaucoup plus concentré et beaucoup plus chaud. Par conséquent, dans cet Univers non statique, il est possible de prendre le temps à rebours et de remonter vers les origines du cosmos. Non pas jusqu'à un temps zéro car les équations de la relativité générale d'Einstein ne le permettent pas, mais jusqu'à ce que les physiciens nomment la « barrière de Planck » (en hommage au physicien allemand Max Planck), soit un dix millionième de milliardième de milliardième de milliardième de milliardième de seconde. C'est à cet instant, situé il y a 13,7 milliards d'années, que débute l'histoire que raconte le big bang.

Aussi incroyable que cela puisse paraître, l'espace ne préexiste pas au big bang : celui-ci ne se conçoit donc pas comme un jaillissement de matière depuis un endroit particulier de l'espace mais comme l'apparition simultanée de l'espace dans tout l'Univers ! La barrière de Planck est considérée comme une barrière des connaissances. Pour le moment, la physique s'y arrête car il faudrait pouvoir concilier la relativité générale, qui est une théorie de la gravitation, et la mécanique quantique, qui décrit les phénomènes physiques dans l'infiniment petit. Cette fusion des deux grandes branches de la physique n'a pas encore été faite.

Cela dit, même si l'on ignore ce qu'il y a au-delà de cette barrière, les chercheurs ont pu calculer ce qui s'est produit à partir d'elle. En quelques fractions de seconde, une avalanche d'événements donne corps à la singularité initiale, à ce point dans lequel se concentrait l'Univers. Très vite, les quatre forces de la nature (force gravitationnelle, force nucléaire forte, force nucléaire faible et force électromagnétique) se séparent les unes des autres et le cosmos entre dans une très courte mais très intense phase d'inflation au cours de laquelle la taille de l'Univers augmente de manière exponentielle sans que les cosmologistes sachent vraiment combien il faudrait mettre de zéros à ce changement de proportions pour le représenter. Probablement des dizaines, si ce n'est plus… C'est grâce à cette phase durant laquelle l'espace est littéralement soufflé que s'explique la grande uniformité de l'Univers.

Matière contre antimatière

Nous sommes toujours au tout début de la toute première seconde du big bang. L'inflation proprement dite est déjà terminée puisqu'elle n'a duré qu'un cent millième de milliardième de milliardième de milliardième de seconde, mais le cosmos continue à se dilater, à un rythme moins effréné toutefois. À l'époque, l'Univers s'apparente à une bouillie brûlante de particules élémentaires de matière et d'antimatière : quarks et antiquarks, électrons et antiélectrons (qu'on appelle positrons), neutrinos et antineutrinos. C'est de l'énergie pure que naissent les couples particules et antiparticules puisque, comme le résume la célèbre formule d'Albert Einstein $E=mc^2$, l'énergie équivaut à la matière. Et c'est logiquement en restituant cette énergie que particules et antiparticules s'annihilent dès qu'elles se rencontrent.

Un cent millième de seconde après le début du big bang, la force nucléaire oblige les quarks à se rassembler par trois pour former, selon les combinaisons, des protons (qui possèdent la charge électrique inverse de celle de l'électron) ou des neutrons (qui, comme leur nom l'indique, sont électriquement neutres), lesquels constituent par la suite les noyaux des atomes. C'est au cours de la première seconde de l'Univers que la matière dont nous sommes constitués « prend le pas » sur l'antimatière. En réalité, il n'y a pas de victoire de la première sur la seconde. Simplement, pour une raison que l'on ignore précisément, même si la création de matière et d'antimatière s'est faite en quantités équivalentes, les deux ne se sont pas comportées de la même manière dans l'Univers naissant. Résultat : au terme du processus d'annihilation, au lieu de la disparition de tout ce petit monde, il est demeuré un surplus de matière représentant un milliardième de la matière initiale.

Fusion thermonucléaire

La première seconde du big bang s'est enfin écoulée et l'Univers, en se dilatant, se refroidit également. La température initiale, qui devait tourner autour du milliard de milliards de milliards de degrés, descend assez vite à «seulement» un milliard de degrés. C'est un seuil crucial. Jusqu'ici, l'agitation de la bouillie de particules due à la chaleur empêchait la force nucléaire forte d'associer protons et neutrons. Ce n'est plus le cas au bout de trois minutes et les premiers noyaux d'atomes un peu plus complexes que le simple atome d'hydrogène (dont le noyau, le plus élémentaire qui soit dans la nature, est constitué d'un proton) peuvent enfin voir le jour. Cette nucléosynthèse primordiale se fait pas à pas et commence donc de manière modeste avec la constitution de noyaux de deutérium, un isotope (c'est-à-dire une variante) de l'hydrogène dont le noyau contient un neutron en plus du proton initial. C'est pour cette raison qu'on le surnomme « hydrogène lourd ». Le processus de nucléosynthèse se poursuit de manière logique : les noyaux de deutérium finissent par agréger un second neutron pour donner un autre isotope de l'hydrogène appelé tritium. Lorsque le tritium fusionne avec un second proton, le big bang fabrique enfin un autre élément que l'hydrogène : ce noyau à deux protons et deux neutrons est celui de l'hélium, le deuxième élément le plus abondant dans l'Univers.

On pourrait se dire qu'il suffit d'agréger protons et neutrons pour complexifier la matière et construire, bloc après bloc, tous les éléments chimiques de la nature. Malheureusement, la nucléosynthèse primordiale s'arrête très vite. En effet, le big bang a eu lieu il y a seulement un quart d'heure et, comme le cosmos continue de s'étendre, les conditions favorables à des réactions plus poussées de fusion thermonucléaire disparaissent. Désormais, plus rien ne peut obliger à fusionner des noyaux d'atomes qui se repoussent naturellement en raison de leurs charges électriques opposées. Un peu de lithium, ainsi que du béryllium instable, est synthétisé, mais cela ne va plus loin. Il faudra attendre les machines à fusion thermonucléaire que sont les étoiles pour enrichir ce tableau des éléments. En attendant, hydrogène et hélium représentent respectivement, en masse, 75 % et 25 % de la matière.

Un bébé opaque

Avec le big bang, l'Univers frappe les trois coups de son histoire. Au terme de ce prologue, de multiples événements ont planté le décor de ce qui sera l'histoire de l'Univers. Les forces de la nature se sont mises en place et dictent le scénario, l'antimatière a été évacuée manu militari de la scène et les éléments constitutifs de la matière, noyaux atomiques d'un côté, électrons de l'autre, sont prêts à tenir leurs rôles.

Tout cela s'est préparé derrière le rideau et ne sera connu que par le biais du calcul car, même avec les meilleurs instruments du monde, les astrophysiciens ne pourront jamais être les spectateurs d'aucune de ces phases du big bang, qui gardera sa part de mystère. En effet, en plus de la barrière de Planck, existe un autre mur, lié à l'observation celui-là : le bébé Univers est resté opaque jusqu'à ses 380 000 ans. C'est à ce moment que le rideau se lève et que le cosmos « s'allume ». Un moment que reflète le fameux rayonnement fossile, la première image que nous ayons de notre Univers, une grande soupe encore chaude de particules...

À retenir

• Directement issue des équations de la relativité générale d'Einstein, la théorie cosmologique du big bang, qui décrit la manière dont l'Univers tel que nous le connaissons s'est constitué, a été inventée au cours des années 1920.

• Contrairement aux idées reçues et à ce que nous dicte notre intuition, le big bang ne constitue pas une explosion d'où la matière aurait surgi. Il faut plutôt le considérer comme l'apparition simultanée de l'espace partout dans l'Univers.

• Par le calcul, il est possible de remonter à une époque très lointaine (- 13,7 milliards d'années) où le cosmos était incroyablement plus concentré et plus chaud. C'est le moment où prennent corps nos notions de matière, d'espace et de temps.

• En une fraction de seconde, les forces de la nature se séparent les unes des autres, l'espace subit une inflation aussi démesurée que fulgurante et les particules élémentaires se combinent pour donner les briques des noyaux atomiques que sont les protons et les neutrons.

• Au fur et à mesure que l'Univers se dilate et se refroidit, la fusion thermonucléaire permet de créer les premiers noyaux atomiques complexes (deutérium, tritium, hélium).

Le rayonnement fossile

Théorisé dès 1948 et détecté par hasard en 1964, le « fond diffus cosmologique » est la preuve la plus significative que le big bang s'est bien produit il y a 13,7 milliards d'années. Baignant l'espace, ce rayonnement apporte des informations surprenantes sur la composition de l'Univers.

L'Univers s'est révélé à lui-même il y a 13,7 milliards d'années au cours d'une succession rapide d'événements connue sous le nom de big bang. Au cours de cette séquence dont les principales étapes se déroulent en à peine quelques minutes, se mettent en place l'espace, la matière et l'énergie qui occuperont l'Univers ainsi que les forces qui dirigeront le tout. Le big bang est un modèle cosmologique. Il résulte des équations de la relativité générale découverte par Albert Einstein. Il s'agit donc d'une série de faits reconstituée par le calcul et non pas observée. En réalité, on ne pourra jamais voir le big bang car l'Univers jeune était opaque. Ce n'est pas pour autant que les astrophysiciens n'ont pas de preuves que le big bang s'est produit comme ils le décrivent. La principale d'entre elles s'appelle le fond diffus cosmologique, plus connu sous le nom de « rayonnement fossile ».

Pour comprendre de quoi il s'agit, il faut remonter à la fin du premier quart d'heure. À ce moment-là s'achève la fusion thermonucléaire qui, en agrégeant des protons (lesquels constituent les noyaux des atomes d'hydrogène, l'élément le plus simple de la nature) et des neutrons, vient de fabriquer les noyaux d'hélium et un soupçon de noyaux de lithium. Si l'on dresse le tableau de la matière prépondérante dans l'Univers à cet instant, on trouve donc des noyaux d'hydrogène et d'hélium, chargés positivement, et des électrons, chargés négativement. On pourrait croire que ces deux familles, ayant des charges opposées, vont se précipiter l'une vers l'autre pour se marier et former des atomes neutres. Ce serait oublier que le bébé cosmos est un monde extrêmement chaud, peuplé de particules (les photons) très énergétiques. Dans ce contexte, la force électromagnétique qui devrait unir noyaux et électrons n'est pas assez puissante. Sitôt formés, les atomes sont défaits par des photons qui arrachent les électrons ayant réussi à se lier aux noyaux.

Et la lumière fut

Ces continuelles interactions se sont poursuivies pendant 380 000 ans, jusqu'à ce que l'Univers ait été suffisamment refroidi par sa propre expansion. La température était alors descendue sous les 2 700 °C, seuil en deçà duquel l'énergie des photons ne suffit plus à contrecarrer la formation des atomes d'hydrogène et d'hélium. La matière s'affranchit des photons mais l'inverse est également vrai : les particules de lumière et d'énergie que sont les photons peuvent enfin voyager librement dans le cosmos. D'opaque, celui-ci devient en tout point transparent et lumineux. C'est de cette illumination primordiale que le rayonnement fossile est le vestige. Depuis, 13,7 milliards d'années se sont écoulées et les photons en question ont vu, avec l'expansion continue de l'Univers, leur température divisée par mille. Elle vaut 2,73 kelvins (K), c'est-à-dire 2,73 degrés au-dessus du zéro absolu, soit environ -270 °C. Il n'empêche : le cosmos entier baigne dans ce froid rayonnement qui est l'une des preuves les plus fortes de la théorie du big bang. Encore fallait-il le découvrir…

1948 est une date importante dans l'histoire de la cosmologie. Cette année-là, le physicien américain d'origine russe George Gamow explique comment le big bang a pu créer l'hydrogène ainsi que l'hélium et il prédit l'existence du rayonnement fossile. Dans le même temps, plusieurs chercheurs, opposés au modèle du big bang, soutiennent que l'Univers a toujours existé et qu'il demeure identique à lui-même au fil du temps : c'est le modèle de « l'état stationnaire », aussi appelé « théorie de la création continue » car elle affirme qu'au fur et à mesure de l'expansion du cosmos, de nouvelles galaxies se créent dans l'espace laissé vacant. Ce monde sans big bang ne prévoit évidemment pas de rayonnement fossile. La découverte de celui-ci va donc permettre de trancher entre les deux modèles.

Une découverte fortuite

En 1964, Arno Penzias et Robert Wilson, deux physiciens américains travaillant pour Bell Labs, laboratoire de recherche de l'opérateur téléphonique AT&T, mettent au point une antenne radio ultrasensible à Holmdel, dans le New Jersey. Pour s'en servir, ils doivent identifier toutes les interférences possibles et, ce faisant, ils détectent un bruit curieux, bien moins puissant que celui émis par la Voie lactée et qui semblent venir de partout. Le duo de chercheurs pense tout d'abord à des ondes radio émises depuis New York. Après avoir rejeté cette hypothèse, ils se demandent si l'interférence ne provient pas de l'antenne elle-même et ils la nettoient des fientes de pigeons qu'ils y trouvent. Rien n'y fait : le bruit est toujours là. Penzias et Wilson comprennent que son origine est extra-atmosphérique et même extra-galactique.

Ce n'est qu'après plusieurs mois d'interrogations qu'en 1965 les deux hommes prennent connaissance des recherches de deux physiciens qui travaillent à Princeton, non loin de Holmdel, Robert Dicke et Jim Peebles. Ceux-ci veulent à l'époque construire une antenne pour détecter le rayonnement fossile prévu par la théorie du big bang. Sans le savoir, Penzias et Wilson les ont devancés et cette découverte fortuite, qui confirme le big bang et expédie la théorie de l'état stationnaire aux oubliettes, vaut aux deux chercheurs des Bell Labs le prix Nobel de physique en 1978 !

Des grumeaux dans la soupe

Le fond diffus cosmologique est la trace, fossilisée dans l'espace-temps, du cri de naissance de l'Univers. Le symbole est magnifique, mais que nous apprend ce rayonnement ? Le problème, c'est que lorsqu'on le mesure avec un instrument dont la sensibilité ne dépasse pas le millième de degré (ce qui est déjà performant), aucun détail n'apparaît, comme si l'Univers jeune était parfaitement homogène. Mais avec une précision encore supérieure (au moins le cent millième de degré), on commence à distinguer d'infimes irrégularités, des zones un rien plus chaudes et d'autres un rien plus froides. C'est à partir de ces minuscules contrastes de densité dans la répartition initiale de la matière que les grandes structures de l'Univers se formeront. Les zones les plus denses, que les astrophysiciens surnomment les « grumeaux » de la soupe cosmique, sont en quelque sorte les graines qui ensemenceront l'Univers en galaxies.

En obtenir une cartographie précise est un travail de bénédictin : il faut en effet soustraire toutes les interférences produites par notre galaxie, la Voie lactée, dont les émissions sont plus puissantes que celle du rayonnement fossile. Surtout, il faut mettre au point des instruments ultrasensibles, à la pointe de la technologie. Des dizaines d'expériences ont été consacrées à la mesure du fond diffus, que ce soit au sol ou dans des ballons stratosphériques. Mais c'est avec deux satellites de la NASA, COBE et WMAP, lancés respectivement en 1989 et 2001, que la connaissance du rayonnement fossile a le plus progressé.

La composition de l'Univers

Avec ces deux engins, on a pu non seulement mesurer ces légères fluctuations du rayonnement fossile, mais surtout en extraire de nombreuses informations sur les caractéristiques générales de l'Univers. Deux des principaux scientifiques travaillant sur la mission COBE, les Américains George Smoot et John Mather, ont d'ailleurs reçu le prix Nobel de physique en 2006 pour avoir, grâce aux instruments embarqués sur le satellite, fait entrer la cosmologie, souvent dominée par les théoriciens, dans le domaine de l'expérimentation de précision.

Comment, en analysant les « grumeaux », en déduit-on les caractéristiques du modèle standard de la cosmologie ? Avant que l'Univers ne devienne transparent, ses ingrédients (à savoir les électrons, les protons et les photons) se comportaient comme un fluide. Les ondes sonores qui s'y propageaient ont été comme enregistrées dans le fond diffus cosmologique et leur étude permet de comprendre certaines propriétés physiques du cosmos comme son âge, son taux d'expansion ou sa géométrie.

On peut également calculer la composition de l'Univers et, de ce point de vue, les résultats de WMAP ont posé plus de questions qu'ils n'ont apporté de réponses... En effet, voici ce que contient le cosmos d'après les données de cet engin spatial : la matière ordinaire, dont tout le monde connu est fait, ne compte que pour... 4,6% de l'Univers. Le reste est divisé en deux catégories, tout aussi incroyable l'une que l'autre : 22,8% de matière dite « sombre » car elle n'émet pas de rayonnement électromagnétique et 72,6% d'une énigmatique « énergie noire ». Celle-ci constitue sans doute le plus grand des mystères de la cosmologie car on ignore sa nature et elle se comporte comme le ferait une force gravitationnelle répulsive : au lieu d'attirer la matière, comme le fait la gravitation sur Terre, elle la repousse, au point que cette énergie sombre expliquerait pourquoi l'expansion de l'Univers s'accélère.

COBE a fonctionné de 1989 à 1993 et WMAP, après neuf ans de loyaux services, a été placé sur une orbite-cimetière en 2010. C'est désormais au tour du satellite Planck, financé par l'Agence spatiale européenne (ESA), de prendre le relais avec une précision bien supérieure. Et avec l'espoir que cet archéologue de l'Univers, en analysant plus finement le rayonnement fossile, apportera des éléments de réponse aux questions que ses prédécesseurs ont posées...

À retenir

- L'Univers jeune était opaque : la matière (noyaux d'atomes et électrons) interagissait tellement avec les photons que les atomes ne pouvaient se former de manière durable et que les particules de lumière ne pouvaient voyager librement dans le cosmos.

- 380 000 ans après l'épisode fondateur du big bang, l'Univers en expansion s'est assez refroidi pour que ces interactions cessent. Il est donc devenu transparent et la lumière est réellement apparue à ce moment-là.

- Cette illumination du cosmos a laissé une signature dans l'espace : le fond diffus cosmologique, plus connu sous le nom de « rayonnement fossile ». Il a été découvert par hasard en 1964 par deux physiciens américains, Arno Penzias et Robert Wilson.

- De nombreux instruments ont été conçus pour l'étudier et ce sont deux satellites de la NASA, COBE et WMAP, qui ont permis de le mesurer avec le plus de précision.

- Ses irrégularités de densité préfigurent la structure de l'Univers et donnent des informations sur la composition du cosmos, qui est dominé par deux éléments mystérieux : la matière sombre et l'énergie noire. Cette dernière, dont on ignore la nature, accélère l'expansion de l'Univers.

Premières étoiles et galaxies

Après le big bang, l'Univers n'a mis que de 100 à 200 millions d'années à s'organiser pour former les embryons de galaxies où se sont allumées les premières étoiles. Bien plus grands, plus lumineux et plus chauds que notre Soleil, ces astres primordiaux n'ont connu qu'une existence éphémère.

Qui contemple le ciel étoilé ne peut en général s'empêcher de songer, face à l'Univers qui le domine, à sa propre petitesse, à sa place dans le cosmos et à ses origines les plus profondes. Tous les points qui constellent le firmament se ressemblent, mais on sait aujourd'hui que tous sont les promesses d'autres mondes. Les livres d'astronomie regorgent d'ailleurs d'images, souvent somptueuses et chatoyantes, de planètes, de galaxies, d'amas d'étoiles et de nébuleuses, comme pour nous faire saisir l'immense richesse et l'immense diversité de l'Univers. Il n'en a pourtant pas toujours été ainsi. Si un observateur pouvait remonter le temps jusqu'à seulement 380 000 ans après le big bang, il serait plongé dans la plus ennuyeuse des uniformités. Cela nous est révélé par le rayonnement fossile issu de l'époque où les atomes se sont formés. Une immense soupe d'atomes d'hydrogène et d'hélium, voilà ce que verrait ce voyageur temporel.

Comment sommes-nous passés de cette homogénéité à la diversité et à la complexité des paysages qu'offre le cosmos ? Comment s'est produite cette transition de l'informe au constitué, des âges sombres au feu d'artifice stellaire ? Heureusement pour la suite de l'histoire, la soupe primordiale comportait des « grumeaux » : comme on peut le voir en analysant finement la carte du rayonnement fossile, il existait des zones où la densité de matière était un rien plus importante qu'aux alentours. Le problème des astrophysiciens, c'est qu'entre le rayonnement fossile et les plus vieilles galaxies que nous puissions observer, il y a un trou béant de plusieurs centaines de millions d'années, un intervalle crucial dans lequel s'inscrit la formation des premières galaxies. Nous ne pouvons pas les voir car les meilleurs télescopes ne remontent pas assez loin dans le temps. Il faut donc se fier aux modèles et aux calculs.

Filaments entrelacés

Que montrent ces modèles ? Que les grumeaux de matière se sont comportés un peu comme des « graines ». La matière attirant la matière par le jeu de la gravitation (ce qui explique, sur Terre, que la pomme tombe vers le sol), des agglomérations de gaz se sont créées à certains endroits tandis que d'autres régions ont vu leur contenu en quelque sorte aspiré. Les modélisations montrent que les atomes d'hydrogène et d'hélium n'ont pas réussi ce tour de force tout seuls. Il leur a fallu le concours de la mystérieuse matière sombre dont on ignore la nature mais qui constitue près de 85 % de la matière présente dans l'Univers. Sans elle, les minuscules semences qu'étaient les grumeaux primordiaux n'auraient jamais pu, en seulement 100 à 200 millions d'années, regrouper assez de matériau pour former les premières étoiles.

Au bout de ce laps de temps, l'Univers a commencé à ressembler à un entrelacs en trois dimensions tissé de filaments de matière « normale » et de matière « sombre ». Les nœuds de ce réseau de filaments étaient plus denses et c'est là que tout s'est joué. Même si elles ont grandi par la suite, il s'agissait de régions mille fois moins grandes que notre Voie lactée. Leur masse équivalait au départ à quelques millions de fois celle de notre Soleil. Sous l'effet de la gravité, ces carrefours se sont, disent les cosmologistes, « effondrés sur eux-mêmes » : la matière s'est agrégée à la matière. Les simulations réalisées par différentes équipes de chercheurs montrent toutes le même phénomène : pendant cet effondrement gravitationnel, la matière normale a réussi à se maintenir à une température assez basse tandis que la matière sombre s'est échauffée davantage et s'en est séparée. La première va se retrouver confinée, concentrée, dans une sorte de disque aplati tandis que la seconde demeure dans un halo entourant cette crêpe d'hydrogène et d'hélium.

D'éphémères étoiles

Pour l'heure, aucune étoile ne s'est encore allumée dans cet embryon de galaxie, mais cela ne saurait tarder. À l'intérieur de la « crêpe », les zones les plus denses ont continué à se contracter et donc à se densifier. Le gaz, en se comprimant, s'est échauffé de plus en plus et, lorsque la température a dépassé les 10 millions de degrés, la fusion thermonucléaire s'est déclenchée et les premières étoiles de l'histoire de l'Univers sont nées. Cette première génération stellaire est appelée la « population III » par les astronomes car ils dénombrent les populations à rebours en partant du présent (le Soleil est une étoile de la population I) et en remontant vers le passé. Les simulations ont montré que les étoiles primitives étaient assez différentes de celles qui sont nées par la suite : il s'agit d'astres extrêmement massifs (de 100 à plus de 1 000 fois la masse du Soleil), lumineux et chauds puisque leur température de surface peut atteindre les 100 000 °C, contre 5 500 °C pour le Soleil.

Cela n'est pas sans conséquences sur leur durée de vie. Cela peut sembler paradoxal mais plus les étoiles sont massives, moins longtemps elles vivent. Comme le résume joliment l'astronome américain d'origine vietnamienne Trinh Xuan Thuan dans son livre *Origines*, *« parce qu'elles rayonnent énormément d'énergie, elles brûlent la chandelle par les deux bouts et épuisent très vite leur réserve de carburant nucléaire d'hydrogène »*. À côté du Soleil dont la durée de vie devrait avoisiner les 10 milliards d'années, ces étoiles sont des éphémères puisqu'elles sont « à sec » en l'espace de 3 à 6 millions d'années. Pendant cette brève existence, leur intense rayonnement ultra-violet va arracher des électrons aux atomes d'hydrogène et d'hélium du gaz environnant, un phénomène d'ionisation dont les astronomes ont pu observer les conséquences en remontant dans les tréfonds du cosmos.

Le noir destin des superstars

Quand les étoiles géantes de la population III n'ont plus eu assez de carburant, deux cas de figure se sont présentés à elles. Dans le cas de celles qui pesaient moins de 250 masses solaires, leur vie s'est achevée dans une déflagration extrêmement spectaculaire appelée « supernova par production de paires » : le cœur de chaque étoile est devenu instable et s'est emballé. Résultat : une fantastique explosion thermonucléaire a détruit chaque astre. Tous les éléments « lourds » qu'il avait fabriqués (carbone, azote, oxygène et fer pour les plus notables) se sont dispersés dans l'espace où ils se sont mélangés aux nuages de gaz déjà présents. Cet enrichissement du milieu intersidéral a favorisé la naissance de la deuxième puis de la troisième population d'étoiles, moins massives et vivant plus longtemps.

Dans le second cas de figure, celui où la masse initiale de la « superstar » dépassait les 250 masses solaires, le scénario est différent. Lorsque son combustible s'est épuisé, la pression de l'étoile a augmenté à un point tel que les photons (particules de lumière) produits ont atteint un niveau d'énergie considérable. Cette énergie était suffisante pour désintégrer les noyaux atomiques environnants. Or, l'énergie qui a été absorbée dans la désintégration ne servait plus à contrecarrer la pression interne de l'étoile : celle-ci s'est alors effondrée sur elle-même et s'est transformée en trou noir, un objet tellement dense que le champ gravitationnel qu'il crée autour de lui empêche quoi que ce soit, y compris la lumière, d'en sortir. Les toutes jeunes galaxies ayant vu la naissance d'étoiles géantes, les trous noirs se sont multipliés et ont fusionné les uns avec les autres pour former les trous noirs extrêmement massifs que l'on détecte dans de nombreux noyaux galactiques.

Fusions-acquisitions

Les trous noirs n'ont pas été les seuls à s'agglutiner. Les embryons de galaxies aussi se sont agglomérés. Les ensembles ainsi obtenus sont passés de quelques millions de masses solaires à quelques milliards. Comme l'explique Trinh Xuan Thuan : « *Chaque fois qu'une fusion de deux protogalaxies se produit, le choc qui en résulte comprime le gaz qui n'a pas été converti en étoiles dans ces deux objets, provoquant de nouvelles flambées de formation d'étoiles lumineuses et massives.* » Les magnats de la finance et de l'industrie ne renieraient pas ce continuel processus de fusion-acquisition… Grâce à lui et à la gravité qui en est le moteur, les galaxies grossissent, se regroupent, s'absorbent, se restructurent, se hiérarchisent. On en trouve sous forme de spirales comme notre Voie lactée, mais également des elliptiques et des irrégulières – un mot pratique pour désigner celles qui n'entrent dans aucune des deux autres catégories.

Au début de l'année 2011, une équipe de la NASA a annoncé la découverte de la plus vieille galaxie jamais observée. Il s'agit d'un petit objet composé d'étoiles bleues (très chaudes) et qui existait moins de 500 millions d'années après le big bang. Pour obtenir ce résultat, les chercheurs sont allés aux limites de ce que peut mesurer le télescope spatial Hubble. Mais le vétéran de l'espace, lancé en 1990, ne pourra pas remonter davantage le temps. Son successeur, le James Webb Space Telescope, censé partir dans l'espace en 2014 ou en 2015, devrait s'en charger. Financé par la NASA et les agences spatiales européenne et canadienne, cet engin doté d'un miroir de 6,5 m (contre 2,4 m pour Hubble) scrutera le cosmos dans les longueurs d'onde de l'infrarouge. Sa principale mission : enregistrer le moment où les premières étoiles de l'Univers se sont allumées.

À retenir

• Comme le montre le rayonnement fossile, qui date de l'époque où les atomes se sont formés, la matière était répartie de manière très homogène dans l'Univers enfant. Il existait néanmoins d'infimes fluctuations de densité que les astronomes décrivent comme des « grumeaux » dans la soupe primordiale.

• C'est sur ces grumeaux que la matière a commencé à s'agglomérer et l'Univers à se structurer en un réseau d'immenses filaments de matière séparés par des régions vides.

• Sur les nœuds de ce réseau se trouvaient les embryons de galaxies. Des nuages d'hydrogène et d'hélium s'y sont contractés sous l'effet de la gravité et ont formé les premières étoiles.

• Celles-ci étaient extrêmement massives et chaudes. Leur vie en a été d'autant plus brève. Ces superétoiles ont terminé soit dans une explosion thermonucléaire (une supernova), soit en se transformant en trous noirs.

• Ce scénario de formation des premières étoiles et des premières galaxies a été obtenu grâce à des modélisations. Les télescopes actuels ne sont pas capables de remonter assez loin dans l'espace-temps pour observer ces phénomènes. Ce sera la mission du James Webb Space Telescope.

Un calendrier cosmique

La durée de vie des astres et des événements cosmiques dépasse souvent l'entendement. C'est pour mieux appréhender ces échelles de temps qu'a été inventé un calendrier résumant en une année l'histoire de l'Univers, depuis le big bang, le 1er janvier, jusqu'à aujourd'hui, le 31 décembre à minuit.

Dans l'imaginaire collectif, la machine à remonter le temps appartient au domaine de la science-fiction. Pourtant, cette machine existe et les astronomes s'en servent tous les jours... c'est le télescope. Comment ? L'explication réside dans la vitesse de la lumière. À l'échelle humaine, la lumière semble un phénomène instantané. Si nous nous fions à nos sens, elle paraît voyager à une vitesse illimitée : vous appuyez sur l'interrupteur et, dans le même instant, vos yeux la perçoivent. Pourtant, il y a un décalage infime entre ces deux moments et notre système sensoriel est bien incapable de le distinguer. Tout comme le bruit du tonnerre arrive plusieurs secondes après la foudre, le son ne voyageant qu'à 340 mètres par seconde, les images des objets lointains ont mis un certain temps à nous parvenir, car la lumière ne va pas plus vite que 300 000 kilomètres par seconde dans le vide.

Ainsi, lorsque nous regardons le Soleil, situé à 150 millions de kilomètres de la Terre, nous ne le voyons pas à son emplacement réel dans le ciel, mais à la place qu'il occupait il y a 8 minutes car c'est la durée que ses rayons ont mise pour nous parvenir. De la même manière, la lumière de l'étoile Polaire a été émise il y a un peu plus de 430 années, à la fin du XVIe siècle, sous le règne d'Henri III... Pour éviter de jongler avec beaucoup de zéros lorsqu'ils évoquent les distances interstellaires ou intergalactiques, les astronomes ont renoncé à utiliser le mètre comme unité de longueur et ont créé l'année-lumière qui représente la distance parcourue par la lumière en un an, soit un peu moins de 10 000 milliards de kilomètres. Si l'on reprend l'exemple de l'étoile Polaire, celle-ci se trouve donc à un peu plus de 430 années-lumière de nous.

Big bang le 1er janvier

Cette imbrication de l'espace et du temps nous fait mieux comprendre pourquoi les cosmologistes expliquent que voir loin, c'est remonter dans le passé de l'Univers. Mais l'esprit humain, qui raisonne sur des durées relativement courtes – la fraction de seconde lorsqu'il fait un sprint, la minute ou l'heure quand il veut attraper son train, la journée ou la semaine s'il mesure la durée de ses vacances, le mois quand il attend un enfant, l'année ou la décennie s'il repense à sa jeunesse, le siècle pour les historiens –, n'est pas plus à l'aise avec les durées très longues qu'avec les distances intersidérales.

C'est pour cette raison que l'astrophysicien américain Carl Sagan (1934-1996) réalisa, à l'occasion de l'écriture de son livre *The Dragons of Eden*, qui reçut le prix Pulitzer en 1977, un calendrier cosmique résumant en une seule de nos années toute l'histoire de l'Univers afin de nous donner une idée des différents âges cosmiques. Dans ce calendrier, le départ est donné par le big bang, le 1er janvier à 0 heure, et notre présent est représenté par le 31 décembre à minuit. La durée réelle de cette année condensée est de 13,7 milliards d'années, l'âge de l'Univers. Chacun des jours du calendrier représente 37,5 millions d'années, chaque heure 1,6 million d'années, chaque minute 26 millénaires et chaque seconde 434 ans.

Notre cosmos naît donc le 1er janvier. Pendant ses minutes initiales, il ressemble à une « soupe » de particules à la fois opaque et très chaude. Au bout d'un quart d'heure, cette soupe a assez refroidi pour que les noyaux d'hydrogène et d'hélium puissent capturer des électrons et devenir électriquement neutres. L'Univers, qui n'était jusqu'à ce moment qu'un brouillard sombre où les photons ne cessaient d'interagir avec des électrons et des protons, devient transparent et nous donne sa première lumière.

Le Soleil le 1er septembre

Dans notre calendrier, c'est probablement dans la nuit du 2 au 3 janvier que les premières étoiles du cosmos se créent. Aucun de ces astres primitifs n'a jamais été observé jusqu'à présent, mais les astrophysiciens supposent qu'ils étaient énormes, de plusieurs dizaines à plusieurs centaines de fois plus massifs que notre Soleil, composés d'hydrogène et d'hélium, et qu'ils n'ont pas vécu longtemps. Il s'agit des « graines » qui ont ensemencé le cosmos avant que ne naissent des étoiles contenant d'autres éléments et les premières galaxies. Celles-ci voient le jour le 13 janvier mais il faut attendre beaucoup plus longtemps pour que la nôtre, la Voie lactée, apparaisse. Même si certains amas d'étoiles qui lui sont accrochés sont très anciens, notre galaxie ne se forme véritablement qu'aux alentours du 11 mai.

De très nombreux événements ont lieu dans l'Univers au cours des semaines qui suivent, mais, si l'on se place égoïstement du point de vue anthropocentrique, l'étape suivante est l'éclosion, le 1er septembre dans un coin un peu reculé de la Voie lactée, de notre système solaire. La Terre en fait évidemment partie et c'est sur notre planète que se concentre, pour les quatre derniers mois de l'année, le calendrier cosmique. La plus ancienne roche terrestre que l'on a retrouvée, un gneiss du nord-ouest du Canada, a été formée le 16 septembre.

Des dinosaures à Noël

Cinq jours plus tard, c'est la vie qui apparaît sur Terre avec les premiers êtres monocellulaires, ancêtres des archées et des bactéries. Ce sont les tout premiers procaryotes, c'est-à-dire que, contrairement aux plantes, aux animaux et aux champignons, qui sont des eucaryotes, leur matériel génétique n'est pas confiné dans un noyau cellulaire. Ils inventent la photosynthèse et oxygènent l'atmosphère de la planète pendant le courant du mois d'octobre. Beaucoup d'incertitudes subsistent sur l'émergence des premiers eucaryotes, mais on peut raisonnablement estimer qu'elle a lieu à cette époque. Il s'agit toujours d'êtres monocellulaires. Les premiers organismes pluricellulaires entrent en scène au début du mois de novembre mais c'est dans la seconde moitié du mois de décembre que l'arbre du vivant va se ramifier à toute allure.

Le prologue de ce que l'on appelle « l'explosion cambrienne » se joue le 14 décembre. Ce jour-là, les premiers animaux, des éponges, sont signalés. Le 17 décembre, les arthropodes débarquent, avec notamment les fameux trilobites, rejoints le 18 par les poissons, le 20 par les plantes terrestres, le 21 par les insectes, le 22 par les amphibiens et le 23 par les reptiles. Dans notre calendrier cosmique, le jour de Noël, le 25 décembre, marque la naissance des… dinosaures qui vont dominer la Terre pour quelques jours. Le 26, les premiers mammifères se manifestent enfin, un jour avant les oiseaux et deux jours avant les fleurs. À l'aube du 30 décembre, un gros astéroïde percute notre planète, provoquant la disparition des dinosaures à l'exception des oiseaux. Le même jour, comme pour symboliser un changement d'ère, les premiers primates font leur apparition dans la famille des mammifères.

L'homme le 31 décembre

Nous sommes presque arrivés au terme de notre calendrier, aux petites heures du 31 décembre, le dernier jour de cette année dans laquelle on a condensé toute l'histoire de l'Univers. De la matière créée le 1er janvier un foisonnement de mondes a jailli, des myriades de galaxies, d'étoiles et de planètes. C'est cette matière qui est le fil conducteur de l'Histoire. À nos yeux, il y a pourtant un absent, l'homme, qui n'est toujours pas paru sur le grand théâtre cosmique. Toute son évolution va se concentrer et jouer sur ce dernier jour de l'année.

Le lointain ancêtre commun aux hommes et aux singes apparaît peu après 14 heures en ce 31 décembre. Dans la soirée, entre 20 heures et 21 heures, la lignée humaine se sépare de celles des gorilles, des bonobos et des chimpanzés. Aux environs de 23 heures, Homo erectus se promène à la surface de la Terre. Homo sapiens, l'homme moderne, avec son gros cerveau, s'invite enfin sur la scène du monde à 23 h 52 et l'on a peu de traces de son activité jusqu'à la dernière minute de l'année. À 23 h 59 min 20 s, il orne la grotte de Lascaux. Dans les secondes qui suivent, il invente l'agriculture. À 23 h 59 min 47 s, il commence à écrire et à fondre les métaux. Deux secondes plus tard, il construit les grandes pyramides de Gizeh.

Nous voici dans les dix dernières secondes du calendrier, dix secondes qui résument l'histoire de l'humanité et qui, ramenées sur une année entière, donnent la mesure de notre place minuscule dans l'Univers. Dix secondes avant la fin de cette année,

Sargon fonde l'Empire akkadien en Mésopotamie et des pierres commencent à se dresser sur le site de Stonehenge. À 23 h 59 min 51 s, c'est le début du Nouvel Empire en Égypte. Une seconde plus tard naît le judaïsme, première grande religion monothéiste. Athènes et Rome sont fondées dans la seconde suivante. Encore un décalage de la trotteuse et Alexandre le Grand conquiert le monde. À 23 h 59 min 55 s, le christianisme apparaît et l'Empire romain est à son apogée. Une seconde plus tard, il chute et Mahomet naît, vit et meurt. Puis Charlemagne est sacré empereur et les croisades commencent. Il est 23 h 59 min 58 s et la guerre de Cent Ans fait rage, Constantinople est prise et Christophe Colomb découvre l'Amérique. Au cours de l'ultime seconde de cette année cosmique, les peuples se révoltent contre leurs rois, deux guerres mondiales ont lieu, l'homme est assez puissant pour aller sur la Lune, modifier le climat de sa planète… et reconstituer l'histoire du cosmos.

À retenir

• Étudier l'Univers, c'est essayer de surmonter les distances considérables qui nous séparent des objets astronomiques. L'utilisation du télescope implique de remonter dans le passé du cosmos. En effet, en raison de la vitesse finie de la lumière, voir loin équivaut à voir dans le passé.

• Pour mesurer les distances intersidérales, les astronomes utilisent une unité de longueur qui relie espace et temps, l'année-lumière, qui représente la distance parcourue par la lumière en un an. Ainsi, observer une étoile située à 100 années-lumière, c'est la voir telle qu'elle était il y a un siècle.

• Comme l'Univers a 13,7 milliards d'années et qu'il est difficile de se représenter une si longue durée, un calendrier qui comprime en un an toute l'histoire du cosmos a été imaginé.

• Dans ce calendrier, la matière, les premières étoiles, leurs héritières et nombre de galaxies sont créées au cours des 8 premiers mois. Le système solaire n'apparaît que début septembre.

• Quant à l'homme moderne, l'intégralité de son histoire tient dans les 8 dernières minutes de cette année condensée, ce qui donne la mesure de sa place dans l'épopée de l'Univers.

La structure de l'Univers

Loin d'être réparties de manière uniforme dans l'espace, les galaxies ont tendance à se regrouper le long d'immenses filaments qui dessinent une trame de matière dans le cosmos. Cependant, à terme, l'expansion de l'Univers finira par déchirer cette toile et jeter les galaxies dans l'isolement.

En 964, l'astronome persan Abd al-Rahman al-Soufi évoque, dans son *Livre des étoiles fixes*, un « petit nuage » présent dans la constellation d'Andromède. C'est probablement le premier auteur à évoquer un objet situé hors de notre galaxie. Décrit par la suite comme une nébuleuse, c'est-à-dire un corps astronomique flou sans contour bien précis, ce « nuage » se retrouve sous la dénomination M31 dans le catalogue de 110 objets diffus établi par le Français Charles Messier (1730-1817). Il faudra attendre 1924 pour que l'astronome américain Edwin Hubble montre que M31 était une autre galaxie, aujourd'hui connue sous le nom de galaxie d'Andromède. Située à 2,5 millions d'années-lumière de nous, celle-ci est le plus grand membre du Groupe local, une réunion d'une trentaine de galaxies à laquelle appartient également notre Voie lactée. Car ces galaxies proches, qui ressemblent à des petits moutons blancs égarés dans le ciel, vivent, comme ces animaux, en troupeaux.

Ce comportement grégaire est-il spécifique à notre coin d'Univers ou bien s'agit-il d'une loi générale ? À petite échelle, les galaxies sont-elles réparties de manière uniforme et aléatoire dans le ciel ou bien leur distribution structure-t-elle le cosmos ? Pour le savoir, il faut effectuer une sorte d'immense zoom arrière. Imaginons, comme dans ces films hollywoodiens à grand spectacle, que nous puissions quitter la Terre dans un fantastique vaisseau de science-fiction capable, chose impossible dans la réalité, d'aller plus vite que la lumière. Que voyons-nous depuis ce bolide intergalactique au fur et à mesure que nous nous éloignons de notre petite boule bleue ?

Les Nuages de Magellan

Au début de ce voyage, la première chose qui saute aux yeux est de constater à quel point la Terre et la Lune forment un couple. Puis, que les planètes du système solaire sont minuscules si on les compare à leur étoile. Enfin, que les distances entre les étoiles sont immenses et que, même dans les oasis de matière que sont les galaxies, le vide prédomine. Lorsque l'on quitte la zone d'influence du Soleil, ce dernier rentre vite dans l'anonymat stellaire, apparaissant comme un astre banal perdu dans un des bras de la Voie lactée, une galaxie dont on distingue la structure en forme de spirale semblable à celle de la galaxie d'Andromède.

Toutes les deux ont beaucoup de points communs et président aux destinées du Groupe local. Dans la nomenclature des astronomes, un rassemblement de quelques dizaines de galaxies s'appelle un groupe et quand ce nombre dépasse la centaine, on parle d'amas. En l'occurrence, on compte dans le Groupe local environ 35 galaxies dont la plupart sont naines et considérées comme liées soit à la Voie lactée, soit à la galaxie d'Andromède qui, avec la galaxie du Triangle, constitue l'un des « poids lourds » de ce gang galactique.

Ainsi notre Voie lactée compte-t-elle une douzaine de « vassales ». Les plus célèbres sont les deux Nuages de Magellan, formellement identifiés au XVIe siècle lors du voyage circumterrestre du navigateur portugais, même si en réalité Abd al-Rahman al-Soufi, encore lui, avait déjà noté l'existence du Grand Nuage de Magellan... Pour donner une idée des distances qui ont cours à cette échelle, précisons que notre galaxie mesure 100 000 années-lumière. Le Petit et le Grand Nuage de Magellan se situent respectivement à 200 000 et 160 000 années-lumière de nous, mais cela n'en fait pas les plus proches pour autant car la galaxie naine du Grand Chien, découverte en 2003, se trouve dans la « banlieue » galactique, à seulement 25 000 années-lumière de nous, soit autant que la distance qui sépare la Terre du centre de la Voie lactée.

Univers-îles

Si notre vaisseau s'éloigne encore, nous nous apercevons que le Groupe local est situé à la périphérie d'une structure beaucoup plus grande, le Superamas local, qui rassemble dans un rayon de 110 millions d'années-lumière une centaine de groupes et d'amas totalisant environ 10 000 galaxies. Cette immense communauté est regroupée autour de l'amas de la Vierge, ainsi appelé parce qu'il se trouve dans la constellation du même nom. Admettons que notre vaisseau ait encore assez d'énergie pour aller plus loin. Que voit-on ? Laissons l'astronome américain Trinh Xuan Thuan nous dépeindre la scène décrite dans son livre *Origines* : « *Les superamas de galaxies s'alignent à leur tour en d'immenses filaments qui s'étendent à perte de vue sur des centaines de millions d'années-lumière. Encore plus extraordinaire : ces filaments délimitent d'immenses vides dans le cosmos [...]. Le paysage de l'Univers est comme une gigantesque toile cosmique dont les superamas disposés en filaments constitueraient la texture, les amas les plus denses les nœuds et les grands vides sphériques les mailles.* » Deux facteurs jouent sur cette toile cosmique : la gravité, qui tient les mailles serrées, et l'expansion de l'Univers qui aurait plutôt tendance à tirer sur les fils pour déchirer le tissu. Le combat est inégal et, à l'échelle de l'Univers, l'expansion l'emportera : les galaxies les plus lointaines s'enfuient à vive allure et nul doute que, dans un futur éloigné, la toile cosmique se distendra au point de craquer de partout. Au milieu du XVIIIe siècle, soit à peu près au moment où Messier commençait à composer son catalogue, le philosophe allemand Emmanuel Kant (1724-1804) imaginait que les nébuleuses étaient des Univers-îles. Il ne croyait pas si bien dire. Dans plusieurs dizaines de milliards d'années, bien après la mort du Soleil, la Voie lactée ressemblera à une île perdue dans un océan de vide et l'espace se sera tellement dilaté qu'elle n'aura quasiment aucune de ses congénères en vue.

Cannibalisme galactique

À petite échelle, la gravité sera impuissante à empêcher l'isolement croissant des galaxies. À l'échelle locale en revanche, c'est une autre histoire. Comme on l'a vu plus haut, certains des membres du Groupe local sont connectés par un lien gravitationnel. Si l'on se fie à leur taille, on s'aperçoit que la Voie lactée et les Nuages de Magellan sont, proportionnellement parlant, bien plus proches les uns des autres que ne le sont la Terre et la Lune. Or, les grosses galaxies sont cannibales : elles dévorent les petites qui ont le malheur de s'aventurer un peu trop près d'elles. Les astronomes ont déjà noté les traces passées de ce cannibalisme dans la Voie lactée et ils pensent que, d'ici 2 à 3 milliards d'années, le Petit et le Grand Nuage de Magellan seront happés et en grande partie « digérés » par notre galaxie.

Mais ce ne sera qu'un début. La structure locale de l'Univers a de bonnes chances de connaître une simplification drastique d'ici quelques milliards d'années. Pourquoi ? Parce que la galaxie d'Andromède se dirige vers nous à la vitesse de 130 kilomètres par seconde, soit 3 600 fois plus vite qu'une voiture roulant au maximum autorisé sur une autoroute. Cela peut sembler rapide, mais il ne s'agit que d'une impression trompeuse. Dès que l'on considère la distance immense qui sépare les deux rassemblements d'étoiles, les inquiétudes retombent : si rencontre il doit y avoir, elle n'est pas pour demain. La galaxie d'Andromède est tellement éloignée que l'image que nous en recevons a été émise il y a 2,5 millions d'années, à une époque où les australopithèques gambadaient en Afrique...

La naissance de Milkomeda

Néanmoins, le rapprochement va s'accélérer au fil du temps et, selon une simulation effectuée en 2008, la première étape de la fusion galactique devrait avoir lieu dans environ 2 milliards d'années. Que va-t-il se passer ? Étant donné que de vastes espaces séparent les étoiles, les collisions d'astres sont très peu probables : pas de catastrophe stellaire en vue. Au contraire, c'est à l'apparition en série d'étoiles que l'on risque d'assister. En effet, la rencontre des nuages gazeux des deux galaxies les poussera à se comprimer. Ils s'effondreront sur eux-mêmes, s'échaufferont à des températures infernales et déclencheront des réactions thermonucléaires qui feront naître des étoiles massives, lesquelles vivront et mourront rapidement avant de laisser la place à une génération d'astres plus petits et moins éphémères.

Selon cette modélisation, entraînées par leur élan, la Voie lactée et la galaxie d'Andromède se traverseront l'une l'autre. Mais cette fusion provisoire les aura ralenties. Chacune repartira en arrière, retraversera l'autre totalement et fera une dernière fois demi-tour. Dans 5 milliards d'années, la fusion sera complète : les deux spirales d'étoiles se seront entièrement mixées en une énorme galaxie elliptique très étirée dans l'espace et que les Anglo-Saxons ont surnommée « Milkomeda » en comprimant Milky Way (Voie lactée) et Andromeda. Celle-ci dominera le reste du Groupe local, mais il n'est pas sûr qu'elle rejoigne par la suite un amas galactique où continuer à exercer ses talents de cannibale.

Et notre système solaire dans tout cela ? La probabilité pour que notre étoile soit éjectée dans la lointaine périphérie de la galaxie augmentera à chaque fois que la Voie lactée et Andromède se rencontreront. À terme, il y a plus d'une chance sur deux pour que notre Soleil se retrouve à quelque 100 000 années-lumière du centre de Milkomeda. Mais peu lui importera : à ce moment-là, notre étoile sera agonisante ou déjà morte.

À retenir

• À l'échelle locale, la Voie lactée fait partie d'un groupe d'une trentaine de galaxies dont elle est l'un des deux « poids lourds » avec la galaxie d'Andromède, située à 2,5 millions d'années-lumière.

• Les galaxies ont tendance à vivre en troupeaux qui eux-mêmes ont tendance à se regrouper. C'est ainsi que les groupes et amas de galaxies se rassemblent dans des superamas qui peuvent compter des milliers de galaxies.

• Ces superamas se répartissent en filaments, concentrant ainsi la matière dans une vaste toile cosmique qui structure le cosmos.

• La gravité et l'expansion de l'Univers constituent les deux facteurs qui jouent sur cette toile, la première essayant de maintenir sa cohésion, la seconde tentant de la déchirer. À terme, l'expansion de l'Univers l'emportera et, à petite échelle, les galaxies s'éloigneront inexorablement les unes des autres.

• Il peut cependant arriver que, localement, la gravité l'emporte sur l'expansion et oblige les galaxies à fusionner les unes avec les autres. C'est probablement ce qui arrivera à la Voie lactée et à la galaxie d'Andromède d'ici quelques milliards d'années.

Voir
et penser
le cosmos

Brève histoire de la matière

Si les particules élémentaires, qui sont les briques de la matière, ont été fabriquées lors du big bang, il a fallu des processus longs et complexes pour que ces particules composent les unes avec les autres, s'organisent et forment tous les éléments chimiques présents sur Terre et dans l'Univers.

Quel est le rapport entre vous, moi, le support sur lequel vous lisez ce texte et l'endroit où vous vous trouvez ? Quel rapport entre un papillon et une étoile, entre une fleur et les anneaux de Saturne ? Tout cela, le vivant et l'inerte, le sol que nous foulons, l'eau que nous buvons, l'air que nous respirons, tout est constitué de matière. Les formes que celle-ci peut prendre sont d'une diversité incroyable et cette diversité est encore plus surprenante quand on sait que les briques de la matière ordinaire, c'est-à-dire les particules élémentaires constituant les atomes, ne sont que… trois.

Pendant longtemps, on a cru avoir, en présence des protons, des neutrons et des électrons, la composition de ce trio. Les protons avaient une charge électrique positive de 1, les neutrons, comme leur nom l'indique, étaient neutres, et les électrons portaient une charge négative de - 1. Le schéma est toujours valable à ceci près que l'on s'est aperçu que neutrons et protons, lesquels portent le nom de nucléons car ils forment le noyau des atomes (à l'exception de l'atome d'hydrogène qui a un proton et zéro neutron), étaient eux-mêmes un assemblage de particules encore plus petites, les quarks up et les quarks down. Les premiers ont une charge électrique positive valant 2/3 et les seconds une charge négative de - 1/3. Pour constituer un proton, il faut donc deux quarks up et un quark down tandis que pour faire un neutron, il faut deux quarks down et un quark up.

Si l'on veut retracer une brève histoire de la matière et notamment comprendre comment, à partir de ces trois types de particules, le cosmos a forgé tous les éléments que nous connaissons, de l'hydrogène au plutonium en passant par le carbone, l'oxygène ou bien encore le fer et l'or, il faut remonter le temps jusqu'au premier cent millième de seconde du big bang, au moment où les quarks up et les quarks down s'assemblent par trois pour donner, selon les combinaisons, des protons ou des neutrons. À peine existante, la matière vient déjà de gagner en complexité et, avec la présence du proton, on peut considérer que l'essentiel de la fabrication de l'hydrogène est effectuée.

Attirance naturelle

Il ne restera plus qu'à lui adjoindre un électron pour terminer le travail et former des atomes. Cela ne peut être fait pour l'instant car l'ensemble de particules de très haute énergie (les photons) dans lequel baigne le cosmos empêchent que protons et neutrons s'unissent de manière stable malgré l'attirance naturelle qu'ils ont les uns pour les autres en raison de leurs charges opposées. Cette union aura lieu 380 000 ans après le big bang, quand les photons seront devenus moins « virulents ». Ainsi naîtront les premiers atomes, neutres.

En attendant, revenons en arrière à la première seconde de l'Univers, à l'époque où celui-ci est un magma très uniforme de nucléons. Si le cosmos veut gagner en diversité, il faut que protons et neutrons s'assemblent afin d'élaborer les noyaux plus complexes et plus lourds des autres éléments. Au bout de trois minutes, les premières fusions nucléaires s'enclenchent et les noyaux d'un second élément, l'hélium, formés de deux protons et de deux neutrons apparaissent. Néanmoins, comme l'Univers est en expansion rapide, il se refroidit vite et l'énergie pour continuer les fusions manque au bout d'un quart d'heure. Au terme de ce que les astrophysiciens appellent « la nucléosynthèse primordiale », le big bang n'a réussi à engendrer que des noyaux d'hydrogène et d'hélium… Pas très varié, tout cela.

Pénurie de carburant

Qu'à cela ne tienne ! Ce que le big bang n'est pas parvenu à faire, les étoiles vont le réaliser. Étant donné la température et la pression gigantesques qui règnent en leur cœur, les étoiles sont des machines à fusion thermonucléaire. Pendant la plus grande partie de leur existence, elles exécutent la même tâche que l'Univers primitif, à savoir transmuter l'hydrogène en hélium. Au cours de la réaction de fusion, une petite fraction de la matière est convertie en énergie, laquelle sert à stabiliser l'étoile et à l'empêcher de s'effondrer sur elle-même sous l'effet de sa propre masse. Arrivée en surface, une partie de cette énergie rayonne dans la zone visible du spectre électromagnétique et c'est pour cette raison qu'à nos yeux, le Soleil et les autres étoiles brillent. Mais, même dans ces énormes réservoirs, le carburant vient un jour à manquer et cette pénurie provoque une nouvelle alchimie.

Lorsque l'hydrogène commence à se faire rare, dans le cœur comme dans la zone qui l'entoure, l'équilibre interne entre la radiation et la gravité est rompue : l'étoile se contracte sur elle-même ce qui augmente la pression et la température. Si l'étoile est de faible masse (0,3 masse solaire, par exemple), cela ne suffira pas à enclencher une nouvelle réaction thermonucléaire. En revanche, s'il est assez massif, l'astre obtiendra un répit en se mettant à fusionner l'hélium en carbone et en oxygène ce qui crée de nouveaux éléments. C'est ce que finira par faire notre Soleil dans environ 5 milliards d'années.

Un jour vient où l'hélium, lui aussi, vient à manquer. Si l'étoile, comme ce sera le cas pour le Soleil, n'est pas assez massive pour se contracter de nouveau et fusionner le carbone, elle prendra le chemin des astres morts en se transformant en naine blanche puis, à terme, en naine noire. Si l'étoile est nettement plus massive, elle peut passer à l'étape suivante, sachant que chaque étape est de plus en plus courte. La fusion du carbone exige une température interne d'un milliard de degrés. Elle aboutit à la formation de sodium, de magnésium, de néon et d'oxygène.

Mortel « âge du fer »

Quand, à leur tour, les réserves en carbone sont consommées, une nouvelle contraction peut s'opérer. La température atteint les 2 milliards de degrés et désormais, c'est l'oxygène qui est pris comme « carburant ». En fusionnant, il donne principalement du phosphore et du silicium, mais aussi d'autres éléments légers comme, par exemple, le chlore, le potassium, le calcium ou le titane. Cela ne durera que quelques mois. L'ultime étape, la dernière fusion, ne dépassera pas une journée terrestre. À l'agonie, l'étoile voit ses noyaux de silicium fusionner et produire toutes sortes d'éléments dont le plus lourd et le plus abondant est le fer. Lorsque l'astre arrive à son « âge du fer », il signe son arrêt de mort. Mais l'explosion fantastique qui s'ensuit, une supernova, est une occasion formidable de façonner de nouveaux éléments plus lourds que le fer. L'onde de choc est tellement phénoménale que de très nombreuses réactions de fusion nucléaire se produisent, les noyaux d'atomes présents grossissant en capturant des neutrons. C'est ainsi que naissent les éléments les plus lourds comme le plomb, l'argent, l'or ou l'uranium, qui, en même temps qu'ils sont fabriqués, sont éjectés dans le milieu interstellaire qu'ils vont « ensemencer ». L'étoile, qui s'était créée par l'effondrement d'un nuage de gaz, restitue la matière à l'espace et c'est de ces « poussières d'étoiles », pour reprendre le joli titre d'un livre d'Hubert Reeves, que nous sommes faits.

Un labo dans l'espace

Comme l'explique l'astrophysicien franco-canadien dans cet ouvrage, ce cycle de la matière n'en est pas réellement un : « *On ne revient pas tout à fait au point de départ. Il y a quelque chose de nouveau. La matière qui retourne à l'espace est différente de celle qui vient de l'espace. On y retrouve les éléments chimiques que l'étoile a engendrés : carbone, oxygène, magnésium, etc. Ces atomes n'existaient pas avant la naissance de l'astre. Ils sont là maintenant, grâce à l'activité constructive des creusets stellaires. [...] Plutôt que d'un cycle, il faudrait donc parler d'une spirale.* » La mort des étoiles est un bienfait pour la complexité chimique de l'Univers. Dans les enveloppes externes des étoiles à l'agonie se sont aussi fabriquées ce que les astronomes appellent des « poussières » cosmiques. Il s'agit de minuscules grains de matière dont la taille avoisine le micron (un millième de millimètre) ou le dixième de micron. Le noyau, solide, contient souvent du silicium, du carbone, de l'oxygène ou du fer. Leur surface sert de laboratoire de chimie aux éléments conçus dans les réactions de fusion. Des molécules se forment, certaines très simples comme le monoxyde de carbone, l'eau ou le chlorure de sodium (le sel de table), d'autres nettement plus complexes comme l'éthanol, le benzène ou le fullerène, un assemblage de 60 atomes de carbone qui ressemble à un ballon de football.

Les poussières du milieu interstellaire ont donc une composition différente de celle du reste de l'Univers. Alors que l'hydrogène et l'hélium dominent largement dans le cosmos et dans les grands nuages de gaz que l'on y trouve, ces minuscules grains de matière regroupent des atomes nettement plus lourds. Ces poussières, héritage des étoiles, sont le matériau de base des planètes rocheuses comme la Terre, Mercure, Vénus ou Mars.
Ainsi, du quark au nucléon, du noyau à l'atome, de l'hydrogène aux éléments plus lourds, des grains de poussières aux planètes, la matière n'a cessé de s'organiser et de se complexifier. Un grand jeu de Meccano au détour duquel, dans un coin de galaxie banale, une planète bleue est apparue dont la matière s'est un jour dotée de ce qui lui manquait, la vie.

À retenir

• Toute la matière est constituée de seulement trois particules élémentaires : les quarks up, les quarks down (qui, en s'assemblant, donnent les protons et les neutrons des noyaux atomiques) et les électrons. Ces particules sont apparues dans la première seconde du big bang.

• L'Univers naissant n'a été capable de fabriquer que deux éléments : l'hydrogène et l'hélium qui sont les ingrédients de base des étoiles.

• Les éléments indispensables à la chimie du vivant comme le carbone, l'oxygène ou l'azote ont été conçus dans les étoiles en fin de vie, lors de réactions de fusion thermonucléaire. Plus les étoiles sont massives, plus elles sont capables de synthétiser des éléments différents.

• Les éléments plus lourds que le fer, comme par exemple le plomb, l'or ou l'uranium, sont fabriqués dans des supernovae, qui sont les explosions d'étoiles massives.

• C'est aussi dans les couches externes des étoiles à l'agonie qu'apparaissent les poussières cosmiques, de minuscules grains solides à la surface desquels s'assemblent des molécules chimiques. Ces grains sont les matériaux de base des planètes rocheuses comme la Terre, Mercure, Vénus ou Mars.

Les lumières de l'Univers

La plupart des lumières produites dans l'Univers sont invisibles pour nos yeux, qui ne captent qu'une petite fraction du spectre électromagnétique. Les astrophysiciens ont donc développé des instruments pour collecter toutes les sortes d'ondes du cosmos, des ondes radio aux rayons gamma.

Tout astrophysicien ne pourra qu'acquiescer à la célèbre phrase d'Antoine de Saint-Exupéry dans *Le Petit Prince* : « *L'essentiel est invisible pour les yeux.* » En effet, si l'œil humain est une merveille de l'évolution, parfaitement adapté à la vie diurne sur la planète Terre éclairée par un Soleil émettant principalement dans le jaune, il se révèle un piètre instrument pour qui veut capter toutes les lumières de l'Univers : la lumière dite « visible » (c'est-à-dire visible par l'œil d'Homo sapiens car d'autres espèces ont une vision du monde différente) ne représente en réalité que quelques touches de piano dans l'immense clavier des lumières disponibles.

Même si nous croyons bien la connaître, la lumière reste un phénomène physique complexe à appréhender étant donné sa dualité. Dans l'histoire des sciences, les chercheurs ont d'ailleurs pendant des siècles penché soit pour sa nature ondulatoire, la lumière étant dans ce cas vue comme une onde électromagnétique, soit mis en avant sa nature corpusculaire, la lumière étant alors comprise comme une émission de particules énergétiques, les photons. Il fallut en réalité attendre le début du XXe siècle, avec les travaux d'Albert Einstein et de Louis de Broglie, pour conclure que, aussi étrange que cela puisse paraître, la lumière était les deux en même temps ! Sur le plan mathématique, une équation très simple dit que plus la longueur d'onde de la lumière est petite, plus l'énergie du photon « associé » est élevée. On peut donc décrire toute la gamme de la lumière de deux manières différentes : soit en s'attachant aux longueurs d'onde présentes dans tout le spectre électromagnétique, soit en s'intéressant aux énergies des photons.

La gamme du spectre

La première manière est la plus populaire. Tout commence avec les ondes radio, qui sont les plus grandes (et les moins chargées en énergie...). Très utilisées dans les télécommunications comme leur nom le laisse deviner, leur longueur d'onde va théoriquement de l'infini jusqu'au centimètre. À noter que les micro-ondes exploitées dans les fours du même nom font partie de ce domaine radio.
En descendant dans les longueurs d'onde, on arrive ensuite dans les infrarouges, dont la longueur d'onde s'étend de 1 millimètre à 0,78 millième de millimètre. Comme son nom l'indique, ce secteur se situe juste avant la couleur rouge du spectre visible.
Les infrarouges sont les ondes traditionnellement associées à la chaleur. C'est d'ailleurs ainsi que l'astronome britannique d'origine allemande William Herschel les a découvertes en 1800. Ayant décomposé la lumière du Soleil avec un prisme, il s'aperçut, grâce à un thermomètre, que la température s'élevait au-delà de la partie rouge du spectre, là où plus aucune couleur n'était visible. Le rayonnement infrarouge est celui qu'exploitent les appareils de

vision nocturne, lesquels traduisent en fausses couleurs ou en nuances de gris la chaleur qu'émettent les corps ou les objets. Si on réduit encore la longueur d'onde, en descendant sous la barre des 780 nanomètres (un nanomètre est un milliardième de mètre), on entre dans la catégorie la plus connue, celle de la lumière visible. Cela commence par le rouge pour terminer par le violet, en passant par toutes les couleurs de l'arc-en-ciel. Au-delà du violet, en deçà des 380 nanomètres, nos yeux ne perçoivent plus rien, mais, tout comme pour les infrarouges, cela ne signifie pas pour autant qu'il n'y a plus de lumière. C'est le pays des ultraviolets, qui s'étend jusqu'à la frontière des 10 nanomètres de longueur d'onde. Les rayonnements en question commencent à être vraiment énergétiques et nos cellules peuvent en faire les frais. Car si la sensation de chaleur que l'on éprouve en se faisant dorer sur une plage est due aux infrarouges, c'est aux UV provenant de notre étoile que l'on doit les coups de soleil, qui portent bien leur nom.

Ce n'est encore rien comparé à ce qui suit. Il reste deux catégories, les rayons X et les rayons gamma. Tous les deux sont rangés dans la catégorie dangereuse des rayonnements ionisants, ce qui signifie qu'ils produisent suffisamment d'énergie pour pénétrer facilement dans la matière et lui arracher des électrons.

Radio dans l'espace

Chacune de ces lumières de l'Univers témoigne d'événements astronomiques et chacune est exploitée par les astronomes avec plusieurs sortes d'instruments. Ces derniers répondent tous au nom de télescopes en ce sens qu'ils collectent des ondes électromagnétiques. Mais, dans la pratique, ces outils sont très différents. Si l'on reprend l'ordre des ondes, les instruments récoltant les ondes radio s'appellent des radiotélescopes (on utilise aussi le nom d'antennes). C'est un peu par hasard que la radioastronomie a été fondée dans les années 1930, après que l'ingénieur américain Karl Jansky, chargé de détecter les sources susceptibles d'interférer avec les transmissions radio, s'aperçut que son antenne détectait une source d'origine extraterrestre qui n'était autre que… la Voie lactée.

L'inconvénient de la radioastronomie est que la longueur des ondes qui l'intéressent est importante : elle a donc besoin d'instruments extrêmement grands pour récolter autant d'informations qu'un télescope travaillant dans la gamme de la lumière visible. Pour y parvenir, deux solutions ont été trouvées : soit construire d'énormes antennes, comme celle d'Arecibo (Porto Rico) qui, installée dans une cuvette naturelle, mesure 305 m de diamètre ; soit, grâce à une technique nommée « interférométrie », parvenir à coupler les signaux reçus par une série d'antennes plus petites mais éloignées les unes des autres de manière à recréer artificiellement un grand radiotélescope.

L'obstacle de l'atmosphère

Les sources radio présentes dans le cosmos sont extrêmement variées puisqu'elles vont du rayonnement fossile, qui signe le big bang et baigne tout l'Univers, jusqu'aux noyaux actifs de galaxies, en passant par notre propre Soleil et par les corps « exotiques » que sont les pulsars. Né du cadavre d'une grosse étoile qui a explosé en supernova, un pulsar est un astre très dense composé de neutrons et qui tourne sur lui-même à grande vitesse. Il émet un rayonnement électromagnétique à intervalles si réguliers que quand le premier pulsar a été détecté en 1967, les astronomes se sont interrogés sur le mécanisme naturel qui pouvait engendrer un signal apparemment artificiel...

Pour toutes les autres longueurs d'onde, les astronomes rencontrent des difficultés en raison de l'atmosphère terrestre. Soit son instabilité fait scintiller les astres observés, soit, plus radicalement, elle absorbe les rayonnements : c'est le cas pour une partie des infrarouges, mais aussi (heureusement pour la santé des êtres vivants) pour la très grande majorité des UV ainsi que pour les rayons X et gamma. Pour contourner ces obstacles, la solution consiste à construire des télescopes en altitude, là où l'atmosphère est moins dense, et dans des régions très sèches car la vapeur d'eau empêche une part des infrarouges d'atteindre le sol.

Et quand cela ne suffit pas, la meilleure solution (mais aussi la plus coûteuse) consiste à envoyer les instruments au-dessus de l'atmosphère, dans l'espace. Ainsi, le célèbre télescope spatial américano-européen Hubble, en plus d'observer dans le visible, a aussi été conçu pour travailler dans l'infrarouge et dans l'ultraviolet. D'autres instruments, plus spécialisés, ont été mis en orbite, comme le Spitzer Space Telescope américain et le Herschel Space Observatory européen, qui opèrent dans l'infrarouge et s'intéressent en particulier aux régions de gaz et de poussières au sein desquelles naissent les étoiles. Dans les domaines des rayons X et gamma, l'Agence spatiale européenne a lancé les observatoires XMM-Newton et Integral, tandis que la NASA a financé les missions Chandra, Swift et Fermi.

La démesure des sursauts gamma

Étant donné les énergies mises en œuvre, les phénomènes capables de créer des rayons X ou gamma sont nécessairement violents : les télescopes spatiaux détectent donc des explosions d'étoiles massives, les effets des trous noirs sur leur environnement immédiat, les amas de galaxies, des régions de gaz chauffés à des températures extrêmes... Certains de ces événements, surnommés « sursauts gamma », sont si démesurés qu'en quelques secondes, ils relâchent autant d'énergie que le Soleil n'en libérera au cours de ses 10 milliards d'années d'existence !

En exploitant toutes les lumières de l'Univers, les astronomes peuvent par conséquent observer une large gamme de phénomènes. Mais ce n'est pas tout : car les ondes électromagnétiques, en plus de donner à voir les spectacles cosmiques, transportent des informations sur la nature chimique des astres. En analysant le spectre lumineux du Soleil, qui se présente comme une succession de couleurs, on détecte des petites raies noires qui révèlent quels éléments il contient. Grâce à l'étude spectroscopique de notre étoile, on a ainsi pu découvrir l'hélium avant même de le détecter sur Terre. Mise au point par le physicien allemand Joseph von Fraunhofer au début du XIXe siècle, cette technique a aussi donné tort au philosophe français Auguste Comte (1798-1857) qui avait affirmé, en parlant des astres, que *« nous ne saurions jamais étudier par aucun moyen leur composition chimique ou leur structure minéralogique »*.

À retenir

- Malgré son apparente simplicité, la lumière se révèle être un phénomène physique complexe car elle est à la fois onde et assemblage de particules d'énergie.

- La gamme des lumières produites par le cosmos recouvre tout le spectre des ondes électromagnétiques, soit bien plus que ce que nos yeux d'humains peuvent percevoir car ils ne sont adaptés qu'à une petite fraction de ce spectre.

- La très grande majorité des informations sur lesquelles travaillent les astrophysiciens étant véhiculée par ces ondes, les chercheurs ont développé des instruments pour collecter aussi bien les ondes radio, les infrarouges, la lumière visible, les ultraviolets, les rayons X et les rayons gamma. À chaque domaine correspond un type d'astronomie.

- Étant donné que l'atmosphère terrestre absorbe une grande partie de ces rayonnements, il a fallu, pour s'en affranchir, soit construire des observatoires en altitude, soit envoyer des télescopes dans l'espace.

- Les astrophysiciens analysent minutieusement les spectres électromagnétiques produits par les objets peuplant l'Univers car ils peuvent en extraire des informations sur la composition chimique des astres.

Le cosmos antique

L'observation des phénomènes célestes est une activité vieille de plusieurs millénaires, on le voit avec des monuments comme le site de Stonehenge. Mais ce sont les Grecs qui ont fait entrer l'astronomie dans la science en établissant les premiers modèles cosmologiques fondés sur le raisonnement.

L'astronomie est sans doute la plus vieille des sciences. Cependant, l'observation des astres a longtemps eu un caractère mixte, réunissant mythologie, religion et tentative d'explication du monde en un mélange assez éloigné des canons scientifiques modernes. Au cours des temps préhistoriques, tout a probablement commencé par le constat que les grands cycles naturels correspondaient à des phénomènes célestes tout aussi récurrents. Que ce soit l'alternance du jour et de la nuit, celle des saisons ou le perpétuel recommencement des années, tout cela possédait une traduction dans le ciel : le Soleil se levait et se couchait quotidiennement, il était haut dans l'azur pendant l'été et bas durant l'hiver, les étoiles « tournaient » dans le ciel pour revenir à la même position au bout d'un an, etc.

Les premières civilisations ont vite associé les astres à des divinités pour élaborer des récits de création et d'explication de l'Univers. Ainsi dans l'Égypte antique, Rê, le dieu Soleil, occupait-il une place centrale. Il se battait contre le gigantesque serpent maléfique Apophis, soit pendant la nuit, soit pendant les éclipses totales de Soleil, et ressortait toujours vainqueur. On voit bien dans cet exemple comment les Égyptiens ont tenté de trouver une explication aux phénomènes astronomiques simples auxquels ils étaient confrontés.

Essais de rationalisation du cosmos d'un côté, début de son

instrumentalisation de l'autre. En plus d'être à l'origine des mythes fondateurs, l'observation du ciel était un moyen efficace de mesurer le temps et de fabriquer des calendriers, fort utiles pour l'agriculture. Cela a conduit à la construction, un peu partout dans le monde, de bâtiments ou d'ensembles mégalithiques, que l'on ne peut pas encore qualifier d'observatoires, mais plutôt de sites astronomiques.

Les pierres de Stonehenge

Le plus connu de ces sites est sans aucun doute celui de Stonehenge, en Angleterre, qui remonte au IIIe millénaire av. J.-C. Avec ses cercles concentriques de menhirs et ses pierres d'autel (et de sacrifice), l'endroit était avant tout consacré à des rituels religieux, mais son rôle astronomique n'est pas négligeable. Comme l'écrit l'astrophysicien américain Trinh Xuan Thuan dans son livre *Origines* : *« Ses constructeurs avaient remarqué le va-et-vient régulier de l'emplacement du lever du Soleil à l'horizon au gré des saisons. Le 21 juin, commencement de l'été (solstice d'été), le Soleil se lève au point le plus au nord à l'horizon. Six mois plus tard, le 21 décembre, commencement de l'hiver (solstice d'hiver), c'est le plus au sud qu'il émerge au-dessus de l'horizon. […] Les "archéoastronomes" ont établi que l'allée centrale de Stonehenge est orientée vers le point le plus au nord, correspondant au solstice d'été, et que l'ensemble mégalithique constitue bien un observatoire solaire. »*

Tout autour du monde, d'autres installations ont eu peu ou prou la même utilité. Ainsi le temple égyptien d'Abou Simbel est-il disposé de façon à ce que, deux fois par an, les rayons du Soleil entrent dans une salle pour régénérer les représentations divines. Au Cambodge, le temple hindou de Phnom Bakheng est entouré de 108 petites tours qui pourraient représenter quatre fois 27 jours, soit approximativement quatre cycles lunaires. Autre exemple, celui de la kiva du canyon de Chaco, au Nouveau-Mexique, un édifice bâti au IXe siècle par les Indiens Anasazis de telle sorte que, le jour du solstice d'été, le Soleil levant pénétrait par une fente et éclairait une niche aménagée dans un mur.
On ne peut pas terminer cette liste non exhaustive sans évoquer le Caracol, petit proto-observatoire du site maya de Chichén Itzà. L'étude qui en a été faite montre que les Mayas y guettaient non seulement divers retours du Soleil et de la Lune, mais aussi ceux de Vénus. Ils s'étaient ainsi aperçus que la Terre, Vénus et le Soleil étaient parfaitement alignés tous les 584 jours et que cinq de ces cycles correspondaient à huit années terrestres.

Le miracle grec

Observer les astres est une chose. Élaborer une théorie qui livre une explication du cosmos logique, et non plus mythologique, en est une autre. C'est à ce que l'on appelle le « miracle grec » que l'astronomie doit de s'être unie à un raisonnement mathématique. C'est un moment intellectuel unique dans l'histoire de l'humanité où, comme le résume Trinh Xuan Thuan, des hommes « *eurent l'idée révolutionnaire que la nature pouvait être sujet d'étude et de réflexion, qu'elle était régie par des lois, que ces lois n'étaient pas l'apanage des dieux, mais pouvaient être aussi appréhendées par la raison humaine* ».

Pour le dire plus brièvement, ces Grecs ont inventé la méthode scientifique. Cela commence avec Pythagore et ses disciples, pour lesquels tout est nombre : selon eux, l'Univers est arithmétique et géométrique. Afin de rendre compte du cosmos (mot qui signifie « monde ordonné ») tel qu'il est observé depuis des millénaires, les pythagoriciens imaginent un Soleil et des planètes tournant sur des orbites circulaires autour d'un feu central invisible. Un schéma que Platon reprendra et simplifiera en mettant la Terre au centre du monde et en installant les autres astres autour d'elle, sur des sphères concentriques : la Lune et le Soleil, les cinq planètes (le mot signifie « astre errant ») connues dans l'Antiquité – Mercure, Vénus, Mars, Jupiter et Saturne – et les étoiles qui, semblant ne jamais bouger les unes par rapport aux autres, sont inscrites sur la sphère externe, celle dite « des astres fixes ».

Des boucles problématiques

Très rapidement, les observations du ciel vont donner du fil à retordre à ce modèle géocentrique, en raison du curieux déplacement des planètes. Si, jour après jour, on note leur emplacement sur la voûte céleste, on s'aperçoit que, contrairement à la Lune qui avance imperturbablement, les planètes semblent ralentir par moments, revenir en arrière, dessiner une boucle complète puis repartir comme si de rien n'était. Ces mouvements rétrogrades ne sont qu'apparents et dus au fait que, comme les autres planètes, la Terre tourne autour du Soleil. Soit elle est dépassée par les planètes internes (Mercure et Vénus) dont la révolution est plus courte, soit elle dépasse les planètes externes (Mars, Jupiter et Saturne pour ne citer que celles qui sont visibles à l'œil nu) dont la révolution est plus longue. Dans les deux cas, vues depuis notre globe, les autres planètes font de petits ronds sur le dais noir de la nuit. Et si l'on se place dans un cosmos où la Terre est le centre de tout, autour duquel les planètes tournent en des cercles parfaits, ces boucles sont difficiles à comprendre.

Au IVᵉ siècle av. J.-C., Eudoxe de Cnide adapte donc le modèle cosmologique en lui ajoutant astucieusement d'autres sphères capables de reproduire ces boucles de rétrogradation. Ce système est par la suite « validé » et perfectionné par le philosophe Aristote (qui commet là une de ses plus grosses erreurs) et l'astronome Claude Ptolémée, qui vit à Alexandrie au IIᵉ siècle. Au total, le modèle géocentrique grec va s'imposer à l'Occident pendant près de 2 000 ans.

L'idée d'Aristarque de Samos

Pourtant, dès l'Antiquité, un autre Grec, Aristarque de Samos (310 av. J.-C. - env. 230 av. J.-C.), a l'idée de placer non pas la Terre, mais le Soleil au centre du monde, s'opposant au géocentrisme qui ne fait que reproduire le mouvement apparent de notre étoile dans le ciel. Bien que l'ouvrage dans lequel Aristarque décrit son modèle héliocentrique ne soit pas parvenu jusqu'à nous, les références qu'y fait le célèbre Archimède ne laissent aucun doute sur son idée. Dans l'unique livre d'Aristarque que nous connaissons, ce savant explique comment il a pu évaluer le diamètre de la Lune, la distance Terre-Lune et, par voie de conséquence, le diamètre du Soleil et la distance Terre-Soleil. Sa méthode est fort ingénieuse mais ses calculs demeurent approximatifs.

Néanmoins, Aristarque se rend compte d'un élément fondamental : même en le sous-évaluant grandement dans ses calculs, le Soleil est beaucoup plus gros que la Terre et il semble peu naturel que ce soit lui qui tourne autour de nous plutôt que le contraire. D'où l'idée de le placer au centre de l'Univers et de faire de la Terre une planète comme les autres. Aristarque comprend que, dans ce cas de figure, l'alternance jour-nuit s'explique par la rotation de la Terre sur son axe.

Bien que son modèle décrive parfaitement les phénomènes astronomiques (et de manière plus économique que celui d'Aristote),

Aristarque échoue à convaincre ses contemporains qui lui opposent des arguments d'ordre philosophique – le Soleil, fait de feu, ne peut rester fixe au centre du monde – et scientifique. On lui rétorque notamment que, si la Terre fait un si grand voyage autour du Soleil, les étoiles doivent changer de place dans le ciel au fil de l'année, un phénomène connu sous le nom de parallaxe. Aristarque a beau répondre que la parallaxe peut être indécelable si les étoiles sont extrêmement éloignées de nous – ce en quoi il a de nouveau raison –, l'argument ne suffit pas. Il faut attendre le milieu du XVIe siècle pour qu'un chanoine polonais, à la fois astronome et mathématicien, reprenne et développe un modèle héliocentrique qui s'imposera par la suite au monde. Son nom : Nicolas Copernic.

À retenir

• Plus ancienne des sciences, l'astronomie a longtemps été un outil pour mesurer le temps et faire des calendriers, ainsi qu'en témoignent des sites préhistoriques comme Stonehenge en Angleterre ou, plus récemment, certaines constructions des Mayas.

• Durant la préhistoire et une bonne partie de l'Antiquité, en Europe, les astres étaient couplés avec des divinités dans les récits mythologiques de création du monde.

• Ce sont les Grecs qui ont introduit une véritable méthode scientifique pour énoncer les premières théories mathématiques du fonctionnement du cosmos, des théories avant tout axées sur la mécanique du système solaire.

• À la suite des pythagoriciens, Platon, suivi par d'autres penseurs comme Eudoxe de Cnide et Aristote, instaure un modèle géocentrique qui connaîtra 2 000 ans de succès en Occident.

• Pourtant, dès le IIIe siècle av. J.-C., le Grec Aristarque de Samos avait proposé un modèle héliocentrique pertinent après avoir calculé que le Soleil était beaucoup plus gros que la Terre et qu'il était de ce fait plus naturel de le mettre au centre de l'Univers. Mais Aristarque ne put imposer son système à ses contemporains.

Révolutions coperniciennes

La vision géocentrique du cosmos établie pendant l'Antiquité par les Grecs (et notamment par Aristote) a prévalu en Europe 2000 ans durant. Il faut attendre Copernic et Galilée pour que la Terre perde sa place de centre de l'Univers. Une révolution scientifique longtemps rejetée par l'Église.

Lorsque l'Europe sort du Moyen Âge, sa vision du cosmos est conforme à celle que les Grecs ont établie durant l'Antiquité. L'Église catholique ayant adopté la pensée d'Aristote comme doctrine officielle, le géocentrisme prôné par le philosophe a été érigé en dogme. Même si, dès l'Antiquité, Aristarque de Samos avait, avec un véritable raisonnement scientifique, défendu l'idée que le Soleil était au centre de l'Univers connu, personne n'a été convaincu par cette théorie. De la même manière, au XIVe siècle, le savant français Nicole Oresme montre que les arguments d'Aristote contre le mouvement de la Terre ne tiennent pas et qu'il est plus « économique » de placer notre planète en orbite autour du Soleil que le contraire. Sans plus de succès. Après tout, le géocentrisme ne décrit-il pas parfaitement l'expérience des astres que tout un chacun vit au quotidien ? Le Soleil ne se lève-t-il pas le matin, ne voyage-t-il pas dans la journée et ne se couche-t-il pas le soir ? Imaginer qu'il puisse être fixe et que la Terre tourne autour de lui et sur elle-même heurte le sens commun et relève à l'époque de l'hérésie.

Mais la vision aristotélicienne de l'Univers ne se résume pas qu'au géocentrisme. Dans cette conception du cosmos, les astres autres que la Terre sont placés sur des sphères de cristal (afin qu'on puisse voir les planètes les plus éloignées par transparence). L'Univers, fini car contenu dans la sphère des étoiles, est divisé en deux parties dont la frontière est délimitée par la sphère de la Lune. Le monde « infralunaire », c'est-à-dire la Terre, est un espace imparfait, changeant, aléatoire, où la mort succède à la vie. À l'inverse, le monde « supralunaire », dans lequel figurent le Soleil, les planètes et les étoiles, symbolise la perfection et la pureté : rien n'y change, rien ne s'y putréfie, tout y suit un mouvement circulaire, constant et forcément éternel.

Un système plus « économe »

Au fil des siècles, cette construction physique dans laquelle interfère une bonne dose de métaphysique est perfectionnée (notamment par l'astronome Claude Ptolémée au IIe siècle) pour rendre mieux compte de la complexité du mouvement apparent des planètes. Néanmoins, la précision croissante des observations astronomiques implique de mettre toujours davantage de « rustines » à cette théorie, la transformant en une véritable « usine à gaz ». C'est dans ce contexte qu'intervient, au début du XVIe siècle, un chanoine polonais, Nicolas Copernic. L'homme a fait des études de médecine et de droit canonique, il a enseigné les mathématiques et, passionné d'astronomie, s'est même fait construire un observatoire. Aux alentours de 1510, il rédige un petit traité d'astronomie dans lequel il présente les fondements de l'héliocentrisme. Copernic ne le publie cependant pas car il sait que l'Église catholique n'apprécierait guère cette atteinte à la théorie d'Aristote et aux Écritures saintes. Pendant les trente années qui vont suivre, et jusqu'à son décès en 1543, le savant polonais rassemble des centaines de tables d'observation des astres et élabore les bases mathématiques soutenant son hypothèse.

Son grand œuvre, le *De revolutionibus orbium coelestium* (« Des révolutions des sphères célestes » en français) ne paraît que l'année de sa mort. Ce livre présente les fondements mathématiques qui mettent la Terre en mouvement autour du Soleil, et non l'inverse, l'idée étant que ce système est plus « économe » que celui de Claude Ptolémée et qu'il se passe de ses « rustines ». La théorie de Copernic est imparfaite parce qu'il persiste à penser que les trajectoires des planètes sont circulaires alors que Johannes Kepler démontrera, au siècle suivant, qu'elles sont en réalité elliptiques. Très technique, le livre de Copernic ne connut pas un grand succès. Bien que critiqué par l'Église, il est en revanche lu par la plupart des mathématiciens et astronomes de l'époque, lesquels comprennent qu'il s'agit d'un sérieux coup de boutoir donné au géocentrisme.

Les observations de Tycho Brahe

Parmi eux figure un noble danois nommé Tycho Brahe (1546-1601). Alors que son père voulait en faire un diplomate, il oriente ses études vers les sciences après s'être aperçu que les tables astronomiques de son époque étaient contradictoires les unes avec les autres et incapables de prévoir avec exactitude les mouvements des planètes. Il décide donc de se consacrer à l'observation méticuleuse des cieux. La lunette n'a pas été inventée et ses observatoires ne sont équipés que d'instruments destinés à déterminer précisément les positions des astres. Son catalogue d'étoiles et ses observations des déplacements planétaires sont les meilleurs de l'époque.

Deux événements astronomiques ont particulièrement marqué la carrière de Tycho Brahe. Le premier, en novembre 1572, est l'apparition subite d'un point brillant dans le ciel. C'est une supernova : sans le savoir, le Danois a assisté à l'explosion finale d'une étoile située à 7 500 années-lumière de la Terre. Au début, la supernova brille plus que Vénus mais sa luminosité décroît et cette « étoile nouvelle » n'est plus visible à l'œil nu un an et demi plus tard. Brahe a eu le temps de l'étudier et notamment de comprendre qu'il s'agit d'un astre situé au-delà des planètes. C'est une première entaille dans le modèle aristotélicien qui postulait que le monde supralunaire ne changeait jamais.

Deuxième événement, la grande comète de 1577. Dans son modèle, Aristote avait situé les comètes dans le monde infralunaire, mais Tycho Brahe s'aperçoit en l'observant nuit après nuit que l'astre vagabond se trouve bien au-delà de l'orbite de la Lune. Par ailleurs, la comète, en s'approchant du Soleil, doit forcément traverser les fameuses sphères de cristal inventées par le philosophe grec... Une seconde entaille dans la crédibilité d'Aristote. Malgré tout, Brahe fit tout pour préserver le géocentrisme en inventant un modèle cosmologique mixte. Pour lui, le Soleil continue de tourner autour de la Terre, mais, désormais, les autres planètes décrivent des cercles autour de lui et non plus directement autour de nous.

Le procès de Galilée

Avec l'apparition de la lunette astronomique de Galilée, mais aussi des lois de Kepler sur les orbites, toutes les coutures du modèle aristotélicien vont craquer les unes après les autres, même si l'Église catholique ira jusqu'à mettre l'Inquisition dans la balance pour le défendre. À partir de 1609, Galilée, qui fabrique ses propres lunettes, fait une série d'observations qui contredisent tout le système du philosophe grec : il constate que le Soleil n'est pas un astre immuable puisqu'y apparaissent et disparaissent des taches sombres ; il découvre les quatre principaux satellites de Jupiter, lesquels prouvent que tout ne tourne pas autour de la Terre ; il s'aperçoit enfin que Vénus présente des phases qui ne peuvent s'expliquer que si la planète est en orbite autour du Soleil.

Tous ces éléments militent fortement pour l'héliocentrisme de Copernic. L'Église ne l'entend pas de cette oreille et un bras de fer qui durera des années s'engage avec le savant. En 1616, la théorie copernicienne est condamnée et Galilée est invité à n'en parler que comme une hypothèse. Ce qu'il fait en 1632 dans son *Dialogue sur les deux grands systèmes du monde* où il évoque le modèle de Ptolémée et celui de Copernic, sans cacher vraiment sa préférence pour le second. La réplique est impitoyable : en 1633, il est jugé pour hérésie par l'Inquisition et contraint d'abjurer sa théorie sous peine de se retrouver sur le bûcher.

La place de l'homme

Il faudra attendre le XVIIIe siècle pour que l'on ait la première preuve du mouvement de la Terre dans l'espace et pour que l'Église accepte que les ouvrages sur l'héliocentrisme ne soient plus mis à l'index. Et ce n'est que sous la pression du pape Jean-Paul II que Rome a reconnu ses erreurs dans l'affaire Galilée. Cette résistance très grande vis-à-vis de la théorie copernicienne ne s'explique pas seulement par la remise en question du dogme et des Saintes écritures qu'elle impliquait. L'héliocentrisme est aussi une manière de dire que l'homme n'est pas au centre du monde.

D'autres révolutions de type copernicienne, plus pacifiques, ont eu lieu dans l'histoire de l'astronomie. Elles ont bouleversé à chaque fois notre vision du cosmos et la place que nous y occupons. Les astronomes se sont ainsi aperçus que le Soleil est une étoile banale, qu'il n'est pas fixe et qu'il tourne autour du centre de notre galaxie. Il en fait le tour complet en ce que les astronomes appellent une « année cosmique ». Celle-ci dure entre 225 et 250 millions d'années ! Le système solaire est d'ailleurs situé dans la « banlieue » de la Voie lactée, dans un bras externe de cette galaxie spirale, à environ 25 000 années-lumière du centre. Quant à notre galaxie, dont on a longtemps pensé qu'elle était unique, il a fallu attendre le premier quart du XXe siècle pour s'apercevoir qu'elle-même était très banale et que certains des points nébuleux que l'on voyait dans le ciel étaient aussi des galaxies. Les outils modernes de l'astrophysique, comme le télescope spatial Hubble, ont permis d'estimer à plus de 100 milliards le nombre de galaxies peuplant l'Univers visible. En quelques siècles, la Terre des hommes est ainsi passée de centre du cosmos à un grain de sable perdu dans l'immensité de l'Univers.

À retenir

• Jusqu'à la Renaissance, la vision de l'Univers héritée des Grecs, et notamment du philosophe Aristote, place la Terre au centre de l'Univers, tous les autres astres du système solaire (la Lune, le Soleil, les planètes) tournant autour d'elle.

• Au XVIe siècle, ce modèle présentant des faiblesses, Nicolas Copernic révolutionne la cosmologie en mettant le Soleil au centre et en faisant de la Terre une planète comme les autres.

• L'astronome danois Tycho Brahe, lui aussi convaincu par l'observation que plusieurs points de la théorie d'Aristote sont faux, tente de transiger en imaginant un système mêlant géocentrisme et héliocentrisme.

• Grâce à l'invention de la lunette astronomique, Galilée, au début du XVIe siècle, découvre de nombreux éléments qui renforcent la thèse copernicienne, mais sa position est violemment combattue par l'Église catholique qui le juge pour hérésie et l'oblige à abjurer sa théorie.

• En décrivant précisément l'Univers, l'astronomie moderne a montré que la Terre n'était qu'une planète parmi d'autres, tournant autour d'une étoile banale, dans la « banlieue » d'une galaxie perdue au milieu de milliards d'autres galaxies…

La course aux supertélescopes

Depuis l'apparition des premiers instruments de l'astronomie moderne, au début du XVIIe siècle, les scientifiques ont rivalisé d'ingéniosité pour obtenir des lunettes et des télescopes toujours plus puissants. Une escalade technologique qui se poursuit aujourd'hui, sur Terre et dans l'espace.

Percer les mystères de l'Univers sans avoir besoin de quitter sa chaise, tel est le paradoxe de l'astronome, explorateur immobile des profondeurs cosmiques. Parmi les scientifiques, il est le seul à ne pas pouvoir manipuler l'objet de ses recherches, à ne pas pouvoir le toucher, le découper en petits morceaux, le peser, le chauffer, etc. Ce n'est que par le biais de ses instruments d'observation qu'il peut approcher les astres. Et son ambition demeure immanquablement la même : voir toujours plus fin, voir toujours plus loin. L'objectif consiste aussi à remonter dans le temps car plus les étoiles ou les galaxies que l'on découvre sont lointaines, plus elles sont vieilles puisque leur lumière a mis des milliers, des millions voire des milliards d'années à nous parvenir.

Les astronomes courent donc après leurs instruments et n'ont de cesse de les améliorer ce qui revient essentiellement à les faire grossir afin de collecter toujours plus de lumière. Cela a commencé avec Galilée en 1609, qui fut l'un des premiers à diriger une lunette d'approche non pas vers les armées ou les bateaux ennemis, mais vers les cieux. Fabriquant lui-même ses instruments à l'aide de deux lentilles, l'une convexe et l'autre concave, qu'il plaçait aux deux extrémités d'un tube, le savant pisan mit d'abord au point une lunette qui ne grossissait que trois fois. Très vite, il en élabora d'autres et eut finalement à sa disposition une lunette dix fois plus puissante.

Celle-ci passerait aujourd'hui pour un jouet mais elle permit à Galilée d'observer le relief de la Lune et les taches solaires, de découvrir les quatre principaux satellites de Jupiter, les phases de Vénus et la forme particulière de Saturne qu'il prit pour une planète triple. Il fallut attendre plusieurs décennies pour que le savant néerlandais Christiaan Huygens, équipé d'une lunette ayant un plus fort grossissement, comprenne que ce que Galilée avait pris pour deux compagnons de Saturne était en réalité d'immenses anneaux visibles de part et d'autre de la planète.

L'âge d'or des lunettes

Synonyme de progrès scientifique, la course aux instruments toujours plus grands vit s'affronter deux types d'appareils : la lunette, composée de lentilles, et le télescope, qui collecte la lumière grâce à un miroir incurvé. Le premier exemplaire de télescope fut construit par l'Anglais Isaac Newton en 1668. Chaque appareil avait ses inconvénients. Les lunettes pâtissaient de la difficulté à tailler et à polir parfaitement des lentilles de plus en plus grosses, difficulté à laquelle s'ajoutait le problème optique dit « de l'aberration chromatique » : agissant comme un prisme, la lentille décomposait les différentes longueurs d'onde de la lumière ce qui produisait des images floues aux contours colorés. Dans le cas des télescopes, les miroirs furent longtemps d'une réflectivité médiocre et se ternissaient. Il fallait donc les démonter et les repolir fréquemment ce qui risquait par la même occasion de modifier leur courbure.

Avec l'invention des lentilles achromatiques permettant de corriger les aberrations optiques vint l'âge d'or des grandes lunettes. Il commença réellement en 1824 en Estonie, à l'observatoire de Tartu, avec une lentille de 24 cm de diamètre. Tous les grands observatoires du monde se lancèrent ensuite dans une course à la lentille dont la taille allait quadrupler au cours du XIXe siècle. Citons ainsi les instruments des observatoires de Vienne, de Nice, de Paris, ainsi que le Lick Observatory et le Yerkes Observatory, tous deux situés aux États-Unis. La lunette du Yerkes Observatory, construite en 1897, fut la première à dépasser le mètre, avec ses 102 cm de diamètre.

La Mecque des astronomes

Mais ce succès devait être le chant du cygne pour les grandes lunettes. En effet, il n'était physiquement pas possible d'utiliser de plus grosses lentilles car celles-ci se seraient déformées sous leur propre poids... Par ailleurs, les télescopes avaient entre-temps fait d'énormes progrès, notamment grâce à l'invention de procédés permettant de déposer une fine couche de métal réfléchissant sur les miroirs, de l'argent dans un premier temps et de l'aluminium par la suite.

C'est ainsi que l'observatoire du mont Wilson, en Californie, devint pendant la première moitié du XXe siècle la Mecque des astronomes grâce à deux télescopes, le Hale et le Hooker : le premier mesurait 1,50 m de diamètre et le second 2,50 m. C'est grâce aux observations réalisées avec le Hooker, qui était le plus grand instrument de son temps, que l'Américain Edwin Hubble fit faire un pas important à l'astronomie et bouleversa notre vision du cosmos. Il découvrit, en 1924, que certaines nébuleuses du ciel nocturne étaient d'autres galaxies extrêmement éloignées de nous, puis il mit en évidence en 1929 que l'Univers était en expansion.

En agrandissant le cosmos, Hubble alimenta sans l'avoir voulu la course au gigantisme des instruments. Furent donc créés le télescope Hale du mont Palomar (Californie, 5,08 m de diamètre) puis, guerre froide oblige, le BTA-6 soviétique dans le Caucase, avec un miroir de 6,05 m de diamètre… qui ne tint jamais ses promesses en raison de problèmes de conception et à cause d'un site mal adapté à l'astronomie de pointe. Les miroirs rigides, d'un seul tenant, de ces deux observatoires étaient aussi à la limite de ce qu'il était possible de faire en raison de leur épaisseur et de leur poids. Pour passer à l'étape supérieure, celui des supertélescopes, il fallut inventer d'autres systèmes.

Corriger la lumière

Deux solutions furent mises au point. La première consista tout simplement à fractionner le miroir. C'est ainsi que les deux télescopes américains Keck, installés au sommet du Mauna Kea, un volcan éteint de Hawaï, possèdent chacun un miroir de 10 m de diamètre composé de 36 hexagones « collés » les uns aux autres. Ce dessin devrait être repris pour les télescopes géants du futur comme l'European Extremely Large Telescope, un mastodonte doté d'un miroir de 42 m et qui devrait être opérationnel à la fin de la décennie. Pour composer ce miroir, il faudra assembler pas moins de 984 miroirs hexagonaux de 1,45 m de diamètre qui collecteront au total quinze fois plus de lumière que les meilleurs télescopes actuels.

La seconde solution fut retenue lors de la conception du Very Large Telescope européen, construit dans le désert de l'Atacama, au Chili. Les miroirs de cet ensemble de quatre télescopes (8,2 m de diamètre chacun) ont été fabriqués d'un seul tenant mais, comme ils sont minces, ils se déforment. Qu'à cela ne tienne ! Ils sont posés sur des dizaines de vérins hydrauliques qui remodèlent leur forme en temps réel. De plus, la lumière qu'ils renvoient est analysée et corrigée à la vitesse de l'éclair par ordinateur afin de s'affranchir des turbulences atmosphériques qui dégradent la qualité des images. Ce système dit « d'optique adaptative » permet d'obtenir des photographies où les étoiles apparaissent comme des points bien ronds et non pas comme des taches étalées marquées de petites tavelures.

Des télescopes spatiaux

Il existe un autre moyen pour ne pas « s'arracher les cheveux » avec le problème des turbulences atmosphériques : installer un télescope là où il n'y a pas d'atmosphère, dans l'espace. L'idée a été avancée dès 1946 par l'astronome américain Lyman Spitzer qui voyait un autre avantage à ce type d'instrument : pouvoir observer le ciel dans les parties infrarouge et ultraviolet du spectre lumineux ce qui est limité sur Terre car ces ondes sont en grande partie absorbées par l'atmosphère.

Il fallut attendre près d'un demi-siècle avant de voir la navette spatiale Discovery mettre en orbite, en 1990, le fameux télescope spatial Hubble, financé par la NASA et l'Agence spatiale européenne. Mais les premières images transmises par l'engin semèrent la consternation parmi les astronomes. En raison d'une erreur dans la fabrication du miroir, la lumière n'était pas parfaitement focalisée et d'affreux halos entouraient les étoiles. Heureusement, des missions de maintenance étaient programmées et les astronautes de la NASA purent par la suite « mettre des lunettes » au télescope afin de corriger son défaut d'optique. Les résultats dus à Hubble sont multiples et des milliers d'articles ont été publiés à partir de ses données dans des revues scientifiques : il a notamment précisé la vitesse d'expansion de l'Univers, fait une estimation du nombre de galaxies présentes dans le cosmos et montré que des trous noirs géants sont fréquents au centre des galaxies. Dans l'espace, la course au gigantisme existe aussi. Hubble a désormais plus de vingt ans et son successeur, le James Webb Space Telescope (JWST), devrait prendre le relais en 2014 ou 2015. Ce nouvel engin, qui coûtera 5 milliards de dollars, disposera d'un miroir de 6,5 m de diamètre contre seulement 2,4 m pour son prédécesseur. Mais cette fois-ci, il n'y aura pas de place à l'erreur de conception. Contrairement à Hubble qui se trouvait en orbite autour de la Terre et restait accessible à des vols de navette spatiale, le JWST sera lancé par une fusée Ariane 5 vers un point de l'espace situé à 1,5 million de kilomètres de notre planète, soit quatre fois la distance de la Terre à la Lune. Autant dire qu'en cas de problème, personne ne lui enverra de dépanneur !

À retenir

• Les instruments de l'astronomie moderne, lunettes et télescopes, ont été inventés au XVIIe siècle. Depuis cette époque, les scientifiques ont toujours cherché les moyens technologiques de les agrandir afin de collecter plus de lumière et donc plus de détails sur les astres qu'ils observent.

• Dans un premier temps, l'effort a porté sur les lentilles équipant les lunettes des grands observatoires du XIXe siècle. Mais, en raison de leur poids de plus en plus important, il n'a pas été possible d'aller beaucoup plus loin que 1 m de diamètre.

• Équipés non pas de lentilles mais de miroirs, les télescopes ont donc pris le relais au début du XXe siècle et ont notamment permis de découvrir les dimensions réelles de l'Univers ainsi que son expansion.

• Grâce à de nombreuses avancées technologiques, les plus grands télescopes terrestres actuels disposent de miroirs de 10 m de diamètre et leurs successeurs devraient dépasser les 40 m.

• Pour s'affranchir des perturbations atmosphériques qui gênent leurs observations, les astronomes ont aussi envoyé des instruments dans l'espace, dont le plus célèbre est le télescope Hubble.

Étoiles et galaxies

Dans le secret des étoiles

À partir des petits points brillants dans la nuit, les astrophysiciens ont pu mesurer et calculer les principales caractéristiques des étoiles. Ils ont ainsi découvert une grande diversité d'astres : des étoiles géantes très chaudes à la durée de vie réduite comme des naines quasiment immortelles.

Le Soleil est une étoile dont l'éclat masque celui de toutes les autres. Il faut attendre sa disparition pour que le rideau noir de la nuit se piquette d'une multitude de points brillants, certains faibles, d'autres vigoureux, certains blancs comme Sirius, d'autres orangés comme Antarès ou bleutés comme Rigel. L'envie est souvent grande de se rapprocher d'eux mais l'achat d'une lunette ou d'un télescope, s'il ouvre une porte merveilleuse sur le monde de la Lune, des planètes du système solaire et des nébuleuses, s'accompagne souvent d'une grande déception lorsque l'astronome amateur tourne son instrument vers les étoiles. Certes, de nouveaux astres invisibles à l'œil nu se dévoilent et l'on a l'impression de s'enfoncer dans le firmament. Cependant, les étoiles restent des points. Le sort des astronomes professionnels n'est guère meilleur. Seule l'observation, avec les plus puissants des télescopes, des étoiles les plus proches et les plus volumineuses permet d'obtenir les images grossières, pixelisées, des surfaces stellaires.

Pourtant, les livres d'astronomie décrivent toutes sortes d'étoiles et évoquent des géantes bleues, des supergéantes rouges, des naines de toutes les couleurs : rouges, blanches, brunes, noires... Comment donc, si presque toutes les étoiles apparaissent comme des points dans les télescopes, les astronomes ont-ils percé leurs secrets et établi ce grand bestiaire ? Le classement d'une étoile est l'affaire de plusieurs facteurs : essentiellement sa luminosité, sa température de surface, les éléments chimiques qu'elle contient, sa couleur et sa masse. Le travail des astronomes consiste à quantifier chacun de ces facteurs avec le seul élément dont ils disposent : la lumière de l'étoile.

L'art de la parallaxe

Au cours des deux derniers siècles, les chercheurs ont fait preuve de beaucoup d'ingéniosité pour extraire le maximum d'informations de cette lumière. La plus évidente est la luminosité de l'étoile vue depuis la Terre. Les astronomes parlent de « magnitude apparente ». Le problème est qu'une étoile modeste mais proche de nous peut avoir la même magnitude apparente, voire être plus brillante, qu'une étoile plus importante située beaucoup plus loin. Pour obtenir la magnitude absolue, c'est-à-dire intrinsèque, de chaque astre, et ainsi pouvoir le comparer aux autres, il faut donc déterminer sa distance. Mais comment faire ?

Les astronomes ont eu l'idée d'utiliser ce qu'on appelle « la parallaxe ». Il s'agit d'une technique que chacun peut tester avec... ses yeux et un doigt. En levant un doigt au bout de son bras tendu et en fermant alternativement l'œil droit puis l'œil gauche, on a l'impression que le doigt s'est déplacé : rien de tel ne s'est évidemment passé, c'est uniquement le point de vue qui a changé. En notant les positions du doigt suivant l'œil qui le regarde et en

connaissant l'écartement des deux yeux, on peut calculer la distance œil-doigt.
Le problème est que plus la cible s'éloigne, plus il est difficile de trouver une parallaxe. Ainsi, lorsque vous clignez des yeux en regardant une étoile, celle-ci reste au même endroit. La seule façon de contourner l'obstacle consiste à prendre des points de vue écartés de plusieurs centaines de millions de kilomètres. Pas besoin de monter dans un vaisseau spatial pour cela car nous sommes déjà sur un vaisseau spatial : la Terre ! Si vous notez la position d'une étoile dans le ciel et recommencez le même exercice six mois plus tard, vous vous serez écarté de 300 millions de kilomètres ! C'est ainsi qu'en 1838, l'astronome allemand Friedrich Wilhelm Bessel publia pour la première fois, et avec une bonne précision, la distance nous séparant d'une étoile située dans la constellation du Cygne.

La séquence principale

Avec la luminosité apparente et la distance, les scientifiques ont pu calculer la magnitude absolue des étoiles et s'apercevoir que certaines étaient des monstres de lumière tandis que d'autres brillaient plus calmement. Depuis le XIXe siècle, avec la spectroscopie, qui analyse les différentes longueurs d'onde de la lumière, les astronomes se sont dotés d'une arme redoutable : elle leur a notamment permis de déduire des informations sur la surface de l'étoile comme sa couleur,

sa température et les éléments chimiques qui y sont présents.
Restait une donnée à découvrir, et pas la moins importante : la masse. Malheureusement, la lumière des étoiles n'en disait rien. Il a donc fallu explorer une autre piste, celle des étoiles doubles. Bon nombre de systèmes stellaires sont binaires, ce qui fait que chacune des deux étoiles qui compose chaque système gravite autour du barycentre du système. En observant les valses de ces couples lointains, les astronomes sont parvenus à déduire, grâce aux lois de la mécanique newtonienne, les masses de ces étoiles !
Au début des années 1910, deux chercheurs, le Danois Ejnar Hertzsprung et l'Américain Henry Norris Russell, eurent l'idée de classer les étoiles selon deux critères : la magnitude absolue et la température de surface. À l'époque, on ignorait le mécanisme thermonucléaire qui produisait les soleils. Une relation simple apparut pour la majorité des astres : plus la luminosité de l'étoile était grande, plus sa température de surface était élevée. Le schéma y afférent, qui porte aujourd'hui le nom de diagramme de Hertzsprung-Russell, est ainsi traversé par une bande en diagonale, où prennent place 80% des étoiles, celles dite de la « séquence principale ».

L'arc-en-ciel stellaire

Tous les objets de la séquence principale fonctionnent sur le même principe : au cœur de l'étoile, la pression et la température sont telles que l'hydrogène fusionne pour produire de l'hélium, une réaction thermonucléaire qui transforme une partie de la matière en énergie. Le rayonnement ainsi produit dans le noyau exerce une pression qui contrebalance la gravité interne de l'étoile et la met à l'équilibre, sans quoi elle s'effondrerait sur elle-même. Une autre corrélation importante apparaît sur le diagramme de Hertz-sprung-Russell. Plus l'étoile est massive, plus sa température et sa luminosité sont élevées. Cela s'explique aisément : le cœur d'une étoile massive doit fournir plus d'énergie pour supporter le poids des couches externes de l'astre. Elle brille donc davantage, mais la contrepartie de cet éclat est que ces étoiles consomment beaucoup plus vite leur combustible que les astres modestes, lesquels vivent des milliards voire des centaines de milliards d'années.

On peut également placer le type spectral (noté par des lettres) et la couleur de chaque étoile sur le diagramme de Hertzsprung-Russell. On voit alors que les plus massives et les plus chaudes des étoiles (géantes bleues de type O) sont bleutées et que les plus légères et les plus froides sont rouges (naines rouges de type M). La température de surface des premières, très rares, dépasse les 30 000 °C tandis que celle des dernières, de loin les plus nombreuses dans la Voie lactée, est inférieure à 3 400 °C.

Les étoiles de la séquence principale dessinent ainsi un curieux arc-en-ciel allant du bleuté au rouge, en passant par le blanc, le jaune et l'orange. Les sept lettres associées aux principaux types spectraux sont (dans l'ordre décroissant des températures) O, B, A, F, G, K et M que les Anglo-Saxons retiennent grâce à la formule mnémotechnique *Oh, Be A Fine Girl/Guy Kiss Me !* (ce qui signifie en français « Oh, sois une gentille fille/un gentil garçon, embrasse-moi ! »). Le Soleil est considéré comme une naine jaune, de type G. Quant aux trois étoiles citées au début, Rigel appartient au type B, Sirius au A et Antarès… ne fait plus partie de la séquence principale.

Le cas des naines brunes

Sur le diagramme de Hertzsprung-Russell figurent en effet deux autres petits groupes bien distincts : celui des géantes et supergéantes rouges et celui des naines blanches. Quand elles ont fini de fusionner leur hydrogène, les étoiles quittent la séquence principale. Elles se mettent alors à fusionner leur hélium et, ce faisant, gonflent et deviennent des géantes rouges, ce qui sera le cas du Soleil dans quelques milliards d'années. Quand il n'y a plus rien à consommer, ces géantes rouges meurent en expulsant leurs couches externes et se ratatinent en naines blanches puis, une fois qu'elles se sont refroidies, en naines noires. Le diagramme de Hertzsprung-Russell permet donc également de donner l'âge des étoiles ! Les plus massives des étoiles, quant à elles, se dilatent au point d'entrer dans la catégorie des supergéantes rouges, telle

Antarès, dont le diamètre est d'environ 800 fois celui du Soleil.
Dans la grande famille des naines multicolores demeure le cas particulier des naines brunes. En réalité, celles-ci sont des étoiles avortées. Elles se forment de la même manière que les étoiles, des planètes peuvent aussi les accompagner, mais la comparaison s'arrête là car ces astres ne brillent pas : leur masse de départ est insuffisante (moins de 8 % de celle du Soleil) pour que s'y allume ou que s'y maintienne le feu thermonucléaire. Elles ne sont pas glaciales pour autant car l'effondrement gravitationnel qui a conduit à leur formation a produit de la chaleur. Il leur arrive souvent de dépasser les 2 000 °C, mais, étant dépourvues d'énergie, les naines brunes voient leur température baisser inexorablement au cours de leur non-vie.

À retenir

• Que ce soit dans une lunette d'amateur ou avec un télescope de professionnel, les étoiles sont tellement éloignées qu'elles apparaissent sous forme de points.

• Malgré ce handicap observationnel, les astrophysiciens sont, dès le XIXe siècle, parvenus à extraire une quantité d'informations de la lumière des étoiles. Ils ont mesuré leur distance, leur luminosité, leur température de surface, leur masse, et déterminé les éléments chimiques présents à leur surface.

• Le diagramme de Hertzsprung-Russel, qui rassemble toutes ces données, a permis de montrer la relation existant entre la luminosité et la température de surface d'une étoile ainsi que la corrélation entre la masse et la température.

• Toutes les étoiles fusionnant de l'hydrogène en hélium pour produire leur énergie appartiennent à la séquence principale. Lorsqu'elles arrivent en fin de vie, elles quittent cette séquence pour devenir des géantes rouges ou des supergéantes rouges.

• Les naines brunes n'appartiennent pas à la séquence principale car il s'agit d'étoiles avortées : elles n'étaient pas assez massives pour que s'y déclenche ou s'y maintienne le mécanisme de fusion de l'hydrogène.

Voyage au centre du Soleil

Née il y a un peu plus de 4,5 milliards d'années, notre étoile est une fantastique machine à produire de l'énergie grâce à la fusion thermonucléaire qui a lieu dans son cœur. Une machine aussi phénoménale que complexe, dotée de plusieurs couches que les astrophysiciens épluchent à distance.

Le Soleil constitue l'un des plus beaux paradoxes de l'astronomie : une étoile à la fois très banale et exceptionnelle. Très banale car, comme l'a écrit l'astrophysicien français Jean-Claude Pecker, *« c'est une étoile parmi des milliards d'autres, très moyenne, ni très grosse ni très petite, ni très froide ni très chaude, ni très jeune ni très vieille ».* Mais une étoile exceptionnelle pour nous les Terriens parce que sa création il y a un peu plus de 4,5 milliards d'années a entraîné celle de notre planète qui, par un hasard merveilleux, a eu la chance de ne se trouver ni trop près ni trop loin de son astre du jour, juste à la bonne distance pour que l'eau, indispensable à la vie telle que nous la connaissons, soit présente sous forme liquide.

Toute la vie terrestre repose, directement ou indirectement, sur la chaleur que prodigue la machine-Soleil. Mais comment celle-ci fonctionne-t-elle ? Pour le comprendre, il faut s'intéresser à la masse et à la composition de notre étoile. Quelques chiffres d'abord. Le Grand Luminaire décrit dans la Bible est vraiment très grand : le rayon du Soleil, qui mesure environ 700 000 km, équivaut presque à un aller-retour Terre-Lune ! Sa masse, 2 milliards de milliards de milliards de tonnes, représente 330 000 fois celle de la Terre et 99,86 % de la masse totale du système solaire. Sous l'effet de cette masse gigantesque, l'étoile naissante que fut le Soleil il y a un peu plus de 4,5 milliards d'années s'est contractée et la température en son cœur s'est élevée. Les astronomes estiment qu'au centre du Soleil la température approche les 14 millions de degrés. Plus qu'il n'en faut pour déclencher les réactions de fusion thermonucléaire qui fournissent l'énergie solaire.

Une gigantesque bombe H

Pour l'écrire simplement, le Soleil, composé en grande majorité d'hydrogène et d'hélium, ressemble à une gigantesque bombe H. Lors d'une réaction de fusion nucléaire, quatre noyaux d'atomes d'hydrogène, qui est l'élément le plus simple qui soit, fusionnent pour donner un noyau d'atome d'hélium. Au cours de l'opération, une fraction de la masse initiale est convertie en énergie pure sous la forme de photons, des particules de lumière. C'est une sorte d'application pratique de la célèbre équation d'Einstein, $E = mc^2$, qui énonce que l'énergie équivaut à la masse. De fait, la masse du noyau d'hélium obtenu au terme de la fusion est un rien plus faible que la masse totale des quatre noyaux d'hydrogène présents au départ. Sept millièmes de la masse se sont transformés en énergie. Ainsi, à chaque fois que le Soleil transforme 1 kg d'hydrogène en hélium, 7 g de matière deviennent de l'énergie, ce qui représente l'équivalent de 200 heures de production d'un réacteur nucléaire de 900 mégawatts. Or à chaque seconde, ce n'est pas un kilo d'hydrogène que le Soleil fait fusionner, mais plus de 600 millions de tonnes !

On pourrait se dire, à lire ces chiffres proprement astronomiques, qu'à ce rythme démentiel le Soleil va vite s'épuiser mais, en réalité, sa réserve d'hydrogène est tellement énorme que notre étoile n'a jusqu'à présent consommé qu'une petite part de sa masse initiale.

Parcours du combattant

Contrairement à l'ampoule qui s'allume dès que l'on appuie sur l'interrupteur, l'énergie émise dans les tréfonds du Soleil ne jaillit pas instantanément à la surface. On pourrait croire qu'une fois qu'un photon est créé, il va rapidement sortir de notre étoile puisqu'il voyage à la vitesse de la lumière soit 300 000 kilomètres par seconde. Mais en réalité, un véritable parcours du combattant l'attend. Les photons ont à peine parcouru une fraction de millimètre que la matière environnante les absorbe puis les réémet, mais pas forcément dans la direction de la « sortie », les réabsorbe, et ainsi de suite. Le trajet passe par une myriade d'étapes. À chacune d'entre elles, dans cet enfer surchauffé à plusieurs millions de degrés, le photon abandonne une bribe d'énergie.

Au sein de la zone du Soleil dite « radiative », qui entoure le cœur, le photon ressemble à un ivrogne titubant qui, effectuant des centaines de trajets de 1 m dans tous les sens, se retrouverait au final à quelques mètres de son point de départ. Les chercheurs ont ainsi calculé que les photons mettaient des milliers, voire des dizaines de milliers d'années, à effectuer leur voyage vers l'extérieur du Soleil.

Quand ils finissent par quitter la zone radiative, ils entrent dans la couche supérieure de notre étoile, épaisse de 200 000 km et appelée « zone de convection ». La température est descendue à 2 millions de degrés et le transport d'énergie, dans un environnement moins dense, se fait par convection : suivant un mouvement vertical, des bulles de matière chaude remontent à la surface, au niveau de la photosphère, où il ne fait plus « que » 5 500 °C. Après un périple qui, pour certains, a commencé au moment où Homo sapiens faisait son apparition sur Terre, les photons sont en quelque sorte libérés et ils peuvent s'élancer dans l'espace. Quant à la matière stellaire, s'étant refroidie, elle replonge dans les profondeurs du Soleil où elle finit sa boucle de convection en se chargeant à nouveau d'énergie.

Taches et champ magnétique

Lorsque l'on regarde de près la surface du Soleil, on peut distinguer une espèce de granulation ressemblant à celle d'une peau d'orange : il s'agit des cellules de convection. On peut également, de temps à autre, voir d'étranges taches noires. En Europe, ces fameuses taches solaires ont été détectées dès l'invention des premières lunettes astronomiques au début du XVIIe siècle, mais les Chinois les connaissaient depuis bien plus longtemps. Elles

signalent l'influence d'un champ magnétique complexe. Souvent larges de 10 000 km, c'est-à-dire assez grandes pour que la Terre y tienne, ces régions apparaissent plus sombres par effet de contraste. Le champ magnétique y est si intense qu'il gêne la remontée de chaleur. Avec une température de 4 200 °C, ces zones sont donc plus « froides » et rayonnent moins que les zones environnantes.
Mouvant, le champ magnétique du Soleil gouverne l'activité de surface et l'atmosphère de notre étoile. C'est lui qui sculpte les protubérances solaires, qui façonne les boucles coronales, ces immenses arches de particules reliant deux taches solaires, et qui chauffe la couronne solaire, cette espèce de halo très étendu dans l'espace que l'on distingue autour du disque noir produit par une éclipse totale. Le principal cycle d'activité de notre étoile dure onze ans en moyenne. Au maximum de son cycle d'activité, les taches, qui vont en général par paires (l'une étant le pôle positif et l'autre le pôle négatif) sont de plus en plus nombreuses, ce qui complexifie la structure du champ magnétique solaire. Celui-ci finit toujours par se recombiner et se simplifier, ce qui se traduit souvent par l'éjection de matière dans l'espace. Surtout constituées de protons – particules chargées qui sont aussi des noyaux d'hydrogène –, ces espèces de bulles ont une masse qui dépasse le milliard de tonnes et elles voyagent à plusieurs centaines de kilomètres

par seconde. Là encore, même si les quantités semblent phénoménales, il ne s'agit que d'une fraction infinitésimale du Soleil.

Naine blanche

Un jour viendra où notre étoile, comme toute machine, épuisera son carburant. Dans 5 milliards d'années environ, sa réserve d'hydrogène aura été consommée et l'hélium produit lors de la réaction de fusion aura remplacé l'hydrogène. Jusqu'à ce moment, la force du rayonnement interne s'équilibrera avec celle de la gravité. Mais lorsque l'hydrogène viendra à manquer, la gravité l'emportera et fera se contracter le noyau solaire. C'est ce qui procurera au Soleil une sorte de répit avant sa mort. En effet, dans un premier temps, cette contraction portera à très haute température l'hydrogène présent autour du cœur et le fera entrer à son tour dans le grand bal de la fusion. Les couches externes du Soleil en seront « regonflées à bloc » et notre étoile deviendra une géante rouge qui se dilatera au point d'avaler Mercure et Vénus et de transformer la Terre en un enfer brûlant.

Dans un second temps, lorsque cette réserve d'hydrogène sera à son tour épuisée, le Soleil se contractera à nouveau ce qui aura pour effet d'augmenter considérablement la température de son cœur d'hélium. À 100 millions de degrés, une autre fusion prendra le relais, celle des noyaux d'hélium qui s'assembleront pour donner un autre élément : du carbone. Au bout de quelques dizaines de millions d'années, l'hélium aura été à son tour consommé. Mais, cette fois-ci, malgré une nouvelle contraction, la température de notre étoile ne pourra monter assez haut pour faire fusionner le carbone.

À ce moment-là, l'enveloppe extérieure du Soleil aura probablement englouti la Terre et Mars. Elle continuera de se propager dans l'espace tout en mettant à nu le noyau de carbone de ce qui aura été le Soleil. On appelle ce résidu d'étoile, pas plus gros que la Terre, une naine blanche. Celle-ci a une température de surface encore élevée mais ce n'est que l'héritage de sa chaleur passée. La naine blanche est en réalité un cadavre stellaire qui ne produit plus d'énergie, se refroidit lentement et brille de moins en moins, jusqu'à ne plus émettre de lumière du tout. La naine blanche devient alors une naine noire.

À retenir

• Le Soleil est une étoile ordinaire qui s'est formée il y a un peu plus de 4,5 milliards d'années. La vie terrestre dépend de la chaleur qu'elle prodigue.

• Au cœur du Soleil a lieu le phénomène de fusion thermonucléaire qui entraîne une production d'énergie. À chaque seconde, 600 millions de tonnes de noyaux d'atomes d'hydrogène fusionnent pour donner des noyaux d'hélium. Au cours de la réaction, une fraction de la masse initiale est convertie en énergie.

• Véhiculée par les photons, particules de lumière, cette énergie remonte lentement à la surface. Les astronomes estiment qu'il faut des milliers voire des dizaines de milliers d'années pour que les photons parviennent à la couche supérieure du Soleil.

• L'activité à la surface du Soleil est gouvernée par un champ magnétique complexe. Cette activité se traduit par l'apparition de taches sombres facilement visibles depuis la Terre.

• Dans 5 milliards d'années, une fois son « carburant » épuisé, le Soleil sera incapable d'entretenir le feu thermonucléaire. Ses couches supérieures seront expulsées dans l'espace et il ne restera plus qu'un cadavre d'étoile tout ratatiné.

Supernova en vue !

La mort d'une étoile massive est un événement aussi rare que cataclysmique : au terme d'un emballement thermonucléaire, une titanesque onde de choc expulse dans le cosmos la plus grande partie de l'étoile. Une explosion que guettent avidement les astronomes du monde entier.

C'était le rêve de bien des astronomes depuis l'invention du télescope en 1609 et il s'est réalisé aux premières heures du 24 février 1987. Cette nuit-là, à l'observatoire de Las Campanas, au Chili, le Canadien Ian Shelton examine un cliché pris quelques heures auparavant de la nébuleuse de la Tarentule, une « nursery » d'étoiles située dans le Grand Nuage de Magellan, galaxie naine naviguant dans la banlieue de la Voie lactée. L'astronome repère alors un point brillant qui n'apparaissait pas sur la photo prise une heure avant. Un peu sceptique, Ian Shelton sort pour vérifier de visu. Le point brillant est bien là dans le ciel et le Canadien sait aussitôt de quoi il retourne. Il se précipite pour envoyer un télégramme à l'Union astronomique internationale. Ce qu'il vient de découvrir n'avait pas été observé depuis 1604 : une supernova visible à l'œil nu. Ce point qui est apparu et qui va faire la « une » du prestigieux magazine américain *Time* n'est pas une nouvelle étoile mais l'explosion cataclysmique d'une géante stellaire.

Les étoiles analogues à notre Soleil, de taille modeste, connaissent des fins somme toute tranquilles. Une fois qu'elles ont fini de fusionner leur hydrogène en hélium, elles se transforment en géantes rouges, montent en température et fusionnent l'hélium en carbone et en oxygène. Puis, leur faible masse les empêchant de s'échauffer davantage et donc de fusionner le carbone, elles s'arrêtent tout bonnement de fonctionner et se recroquevillent en naines blanches. Il s'agit d'astres denses puisqu'une masse un peu inférieure à celle du Soleil tient dans le volume de la Terre. Encore bouillantes en raison de leur ardeur passée (elles peuvent atteindre plusieurs dizaines de milliers de degrés en surface), ces naines blanches n'en sont pas moins mortes car leur machine thermonucléaire a cessé de produire de l'énergie. En refroidissant, elles finiront, au bout de plusieurs milliards d'années, par s'éteindre à petit feu et par disparaître.

Un cœur qui s'effondre

Mais la mort paisible ne figure pas dans le modèle décrivant la fin des grosses étoiles. Lorsque les étoiles de plus de 8 masses solaires viennent à bout de leur hydrogène puis de leur hélium, leur machine ne s'arrête pas. Ces astres massifs entrent dans une spirale affolante de fusions et de montées en température où chaque cycle de « combustion » est de plus en plus court et fabrique des éléments de plus en plus lourds : le carbone fusionne, puis le néon, puis l'oxygène et enfin le silicium. Comme l'écrit le cosmologiste français Jean-Pierre Luminet dans *Le Destin de l'Univers* : « *L'escalade nucléaire ne peut pas continuer indéfiniment. Le flot des éléments transmutés converge vers un noyau atomique bien précis : le fer. Or, ce noyau est spécial ; les 56 protons et neutrons qui le constituent sont tellement soudés entre eux qu'aucune énergie de fusion ne peut plus leur être arrachée. Le fer est donc la cendre finale du cœur des étoiles massives.* »

Au cours du processus, l'étoile agonisante n'a cessé d'enfler. Elle est devenue une supergéante rouge qui, si on la plaçait au milieu de notre système solaire, engloberait jusqu'à l'orbite de Jupiter ou même celle de Saturne, pourtant située à 1,4 milliard de kilomètres du Soleil... Cette étoile monstrueuse vit ses ultimes moments car son cœur de fer, inactif, a du mal à supporter la pression de plus en plus importante des éléments lourds qui coulent vers lui depuis les couches supérieures de l'étoile. Au bout d'un moment, il lâche et s'effondre sur lui-même. La température subit un coup de fouet vertigineux et les particules d'énergie ainsi dégagées détruisent littéralement les noyaux de fer. Tout finit par se désintégrer en protons, neutrons et électrons comme si les atomes ne pouvaient plus garder leur cohérence.

Onde de choc

L'événement est si extrême et la compression si importante que les électrons sont précipités dans les protons, forment des neutrons en pagaille et se serrent les uns contre les autres pour produire une densité incroyable : 100 millions de tonnes par centimètre cube. C'est comme si le vide, qui occupe plus de 99,99 % de la matière, avait été subitement chassé de celle-ci.

Lorsque les couches entourant ce noyau d'une densité hors du commun tombent sur lui, elles rebondissent violemment. L'onde de choc parcourt en quelques jours toute l'étoile et les couches externes sont soufflées dans le cosmos.

C'est cette explosion finale que l'on appelle « supernova ». Comme le précise Jean-Pierre Luminet : « *Une supernova fait jaillir en quelques jours autant d'énergie que celle produite par le Soleil au cours des dix milliards d'années qu'il passe à brûler de l'hydrogène ! Sa luminosité optique s'accroît donc de plusieurs milliards, si bien que pendant quelques jours l'étoile "nouvelle" peut briller autant qu'une galaxie tout entière.* »

La supernova de 1987, si elle a eu le mérite de passionner une bonne partie de la communauté des astronomes, avait toutefois un gros défaut : elle ne s'est pas produite dans notre galaxie mais à plus de 160 000 années-lumière de nous dans le Grand Nuage de Magellan. Tous les ans, les chercheurs détectent des supernovae, invisibles sans instruments, dans des galaxies plus ou moins lointaines, mais ils adoreraient qu'une des supergéantes rouges qu'ils ont cataloguées dans notre voisinage explose comme cela pourrait être le cas d'Antarès, étoile située à 600 années-lumière de nous dans la constellation du Scorpion. Sa supernova serait alors visible en plein jour.

Témoignages historiques

Quelques observateurs du passé nous ont laissé des témoignages de ces événements rarissimes. On compte quatre supernovae historiques pour lesquelles les sources sont suffisamment fiables. La première est celle du 30 avril 1006, apparue dans la constellation du Loup et repérée simultanément en Chine, au Japon, en Suisse et en Égypte. D'après les récits qui ont été laissés, l'objet éclairait autant qu'un quartier de Lune, au point de projeter des ombres en pleine nuit ! Pourtant, la supernova en question était située à 7 200 années-lumière de la Terre.

Moins d'un demi-siècle plus tard, en 1054, une autre supernova s'invite dans le ciel nocturne. C'est aux Japonais et aux Chinois que l'on doit la description complète de l'événement qui, si l'on s'en tient au silence des chroniqueurs médiévaux d'Occident, semble être passé inaperçu en Europe. Mais peut-être l'apparition de cette « nouvelle étoile », qui ébranlait le dogme de l'immuabilité des cieux dû à Aristote et reconnu par l'Église catholique, était-elle une information trop sensible sur le plan idéologique… Quoi qu'il en soit, le directeur du Bureau astronomique chinois de l'époque note le jour de son apparition et précise qu'elle a été visible durant la journée pendant 23 jours. La supernova fut visible de nuit pendant près de deux ans. Aujourd'hui, les astronomes étudient la « coquille » qui en a été éjectée et qui est connue sous le nom de nébuleuse du Crabe.

L'étoile à neutrons

Si les Européens ont « manqué » cette supernova historique, ils ont eu l'occasion de se rattraper avec les deux suivantes, un demi-millénaire plus tard. En effet, les supernovae de 1572 et de 1604 portent le nom de deux célèbres astronomes occidentaux : la première celui du Danois Tycho Brahe et la seconde celui de l'Allemand Johannes Kepler. Ni l'un ni l'autre n'a découvert ces « nouvelles étoiles », mais le travail qu'ils ont effectué sur elles leur a valu de voir leur patronyme accolé à leur souvenir. La supernova de 1572 fut importante pour l'histoire de la cosmologie en ce sens qu'elle permit de remettre en cause le dogme de l'immuabilité des cieux, Tycho Brahe ayant montré qu'il ne s'agissait pas d'une comète mais bien d'un astre très lointain, situé dans ce qu'on appelait à l'époque « la sphère des fixes », c'est-à-dire le monde des étoiles. Cet événement astronomique lança la carrière du Danois et, grâce à lui, la réalisation de nouveaux catalogues d'étoiles.

Revenons pour terminer à notre modèle de supernova. Le cœur de l'étoile s'est « neutronisé » tandis que les couches extérieures ont été violemment expulsées dans l'espace interstellaire qu'elles vont ensemencer en éléments lourds grâce auxquels, plus tard et plus loin dans le cosmos, des planètes vont pouvoir se former. Mais l'histoire du noyau n'est pas totalement terminée ! Encore une fois, tout dépend de sa masse. Si ce résidu stellaire fait moins de trois fois la masse du Soleil – ce qui signifie que l'étoile dont il est le résidu disposait au départ d'une masse inférieure à 20 à 25 masses solaires –, il demeure sous cette forme et devient ce que les astronomes appellent « une étoile à neutrons » (même si cet objet n'a plus rien d'une étoile) qui est extrêmement compacte puisque son diamètre, d'environ 10 km, est égal à celui d'une ville comme Paris. Il est difficile d'imaginer que l'équivalent de deux ou trois fois la masse du Soleil tienne dans les limites du périphérique parisien mais c'est pourtant le cas !

En revanche, si l'étoile d'origine avait une masse supérieure à 25 fois celle du Soleil, la gravité est la plus forte et même les neutrons ne peuvent y résister. Toute la matière est compactée en un point de l'espace où la densité tend vers l'infini et d'où rien, y compris la lumière, ne peut s'échapper : il s'agit d'un trou noir.

À retenir

- À la fin de leur vie, les étoiles de masse modeste connaissent une mort relativement calme, se transformant en naines blanches qui se refroidissent doucement.

- Rien de tel n'arrive aux étoiles massives : lorsque leur hydrogène et leur hélium sont épuisés, elles entrent dans une spirale de fusions thermonucléaires au terme desquelles le cœur de l'étoile se transforme tout d'abord en fer.

- Puis, incapable de résister à la pression croissante de la gravité, ce cœur se contracte brutalement et ses atomes se désintègrent en particules élémentaires. Les couches externes de l'étoile s'écrasent sur lui, rebondissent et sont expulsées dans l'espace : c'est la supernova.

- Au terme de cette explosion, le cœur se transforme soit en étoile à neutrons, soit en trou noir.

- Ces événements extrêmement violents sont rares et, à l'exception d'une supernova observée en 1987 dans une galaxie naine proche de nous, aucune supernova ne s'est produite dans notre galaxie, la Voie lactée, depuis l'avènement de l'astronomie moderne. Néanmoins, les astronomes distinguent encore dans le ciel les restes des supernovae observées en 1006, 1054, 1572 et 1604.

De si fascinants trous noirs

Créés lors de la mort d'étoiles massives, les trous noirs sont les pièges parfaits : rien, pas même la lumière, ne peut s'en échapper et tout ce qui y tombe est irrémédiablement perdu. Les lois actuelles de la physique s'arrêtent à la frontière de ces monstres qui déforment l'espace-temps.

De la multitude d'astres qui peuplent l'Univers, les plus fascinants sont ceux... que l'on ne voit pas. Dans cette catégorie des obscurs, la première place est occupée par les trous noirs, objets chéris des auteurs de science-fiction et des cosmologistes, ces astrophysiciens qui consacrent leur vie à calculer et à penser le cosmos.

Même si l'expression de « trou noir » n'a été forgée que dans les années 1960, le concept d'« astre occlus » remonte à la fin du XVIIIe siècle. Il apparaît comme une suite logique des avancées d'Isaac Newton sur la gravitation universelle ainsi que de la découverte par le Danois Ole Roëmer que la lumière a une vitesse finie. Comme le rappelle Stephen Hawking dans son célèbre ouvrage *Une brève histoire du temps*, c'est son compatriote britannique John Mitchell qui, en 1783, a publié « *un travail dans lequel il faisait remarquer qu'une étoile suffisamment massive et compacte aurait un champ gravitationnel si intense que la lumière ne pourrait s'en échapper : tout rayon de lumière émis à la surface de l'étoile serait retenu par l'attraction gravitationnelle avant qu'il n'ait pu aller très loin* ».

L'hypothèse de Mitchell est exacte si l'on remplace le terme « étoile » par le mot, plus vague, d'« objet ». Car un trou noir n'est pas une étoile, mais plutôt le résultat de la mort d'une étoile géante, au moins 25 fois plus massive que notre Soleil. Lorsque ces astres corpulents ont fini de fusionner l'hydrogène de leur cœur en hélium, ils se lancent dans une frénésie de fusions nucléaires impliquant des éléments sans cesse plus complexes et plus lourds jusqu'à ce que le noyau de l'étoile soit composé de fer.

L'espace-temps élastique

À ce moment-là, la machine thermonucléaire qui fournissait l'énergie s'arrête et l'étoile s'écroule sur elle-même sous l'effet de sa propre masse car plus rien ne vient contrebalancer la gravité. Ses couches extérieures sont expulsées dans le milieu interstellaire lors d'une explosion monumentale qu'on appelle « supernova ». Mais cela n'empêche pas le cœur de poursuivre sa contraction... En utilisant la théorie de la relativité générale, l'Indien Subrahmanyan Chandrasekhar calcula dans les années 1930 que l'effondrement du noyau pouvait ne pas s'arrêter, c'est-à-dire en d'autres termes que l'objet pouvait se réduire à un point d'une densité infinie. L'idée sembla folle et, comme le précise Stephen Hawking, *« Einstein lui-même écrivit un article dans lequel il affirma que les étoiles ne pouvaient pas se ratatiner jusqu'à la dimension zéro ».* Il n'empêche : Chandrasekhar avait raison et Einstein (ainsi que bien d'autres scientifiques) avait tort.

Que se passe-t-il donc exactement ? Selon la relativité générale, il faut imaginer que l'espace-temps est un grand tissu élastique, un tissu que des corps massifs peuvent déformer. On a ainsi pu remarquer, lors d'éclipses totales de Soleil, que les étoiles situées en arrière-plan sont légèrement décalées par rapport à leur position habituelle : la masse du Soleil courbe l'espace et fait dévier les rayons lumineux, issus de ces étoiles, qui passent à proximité. Reprenons notre tissu élastique et mettons-y un objet dense et massif comme, par exemple, une boule de pétanque. Celle-ci va déformer le tissu et s'enfoncer dedans au point de disparaître à notre vue. Il se passe un peu la même chose avec un trou noir. Plus le restant d'étoile se contracte, plus le champ gravitationnel devient intense et déforme l'espace-temps. Au bout d'un moment, ce champ est si intense que rien, pas même la lumière, aussi rapide soit-elle, ne peut plus s'en échapper. Pour prendre un autre exemple, si la Terre se contractait de manière significative, nos fusées actuelles seraient incapables de se libérer de son attraction.

L'astronaute spaghetti

Revenons à notre cœur d'étoile qui s'est transmuté en trou noir. Il s'agit de ce que les cosmologistes appellent « une singularité » et cela présente bien des ressemblances avec l'Univers au commencement du big bang : tout est condensé en un point, les lois de la physique ne s'appliquent plus, il est impossible d'y faire des prédictions. En revanche, on peut décrire ce qui se passe à proximité d'un trou noir et c'est un spectacle stupéfiant.

Les cosmologistes aiment à prendre l'exemple d'un téméraire astronaute qui déciderait de passer la limite au-delà de laquelle tout est perdu dans le trou noir. Elle se nomme « l'horizon des événements » parce qu'on ne peut pas voir ce qui se déroule au-delà. On ne peut pas non plus obtenir d'informations sur cet « au-delà » étant donné que rien n'en ressort : les ondes radio dont l'astronaute se servirait pour communiquer, qui sont des ondes électromagnétiques au même titre que la lumière, ne nous parviendraient pas. Ce voyageur de l'espace serait évidemment un kamikaze. En théorie, son corps serait étiré comme un spaghetti et déchiqueté par l'énorme champ gravitationnel régnant autour du trou noir avant même que notre homme parvienne à l'horizon des événements. Admettons cependant que, grâce à un stratagème encore inconnu de la science, cet astronaute s'approche sain et sauf de la frontière fatale sans être écartelé. Et ajoutons que vous jouez le rôle de l'observateur : peu désireux de finir en spaghetti, vous avez prudemment décidé de regarder la scène de loin, avec un puissant télescope. Que voit notre astronaute et que voyez-vous ?

L'éternité défile

Suivant le point de vue adopté, il se passe des choses très différentes. En effet, en raison de l'incroyable champ gravitationnel, les images émanant de l'astronaute ont de plus en plus de mal à vous parvenir. Même si vous avez toute votre vie cru que le temps était une notion absolue, vous expérimentez en direct le fait qu'il s'agit d'une notion relative : vous avez l'impression que le temps de votre cobaye spatial s'allonge. La scène que vous observez se joue au ralenti, un ralenti de plus en plus paresseux. Quand le voyageur se brosse les dents, l'action peut s'étirer pendant des heures, voire des jours, des mois, des années, des siècles, des millénaires... Au bout du compte, il vous semblera que le temps est aboli au moment où l'astronaute franchira l'horizon des événements et vous pourrez voir presque éternellement sa dernière image. Du point de vue de l'astronaute, c'est l'inverse qui se produit. Il vaque à ses occupations normalement et, à sa montre, son brossage de dents lui prend toujours 3 minutes. En revanche, si lui aussi a un télescope et le pointe dans votre direction, il aura l'impression que le film est diffusé en accéléré, un film fait de vieillesse et de mort : la vôtre d'abord, celle du Soleil et de la Terre ensuite, puis de toutes les étoiles et de toutes les galaxies. Quand l'astronaute passe l'horizon des événements, l'éternité a défilé devant ses yeux.

Un glouton à la diète

Il y a deux catégories de trous noirs : ceux dont on a parlé plus haut et qui sont issus de l'effondrement d'une étoile géante et ceux, hypermassifs, qui trônent au centre de bien des galaxies.

Ces derniers résultent de la fusion de nombreux trous noirs primordiaux nés de la disparition de la première génération d'étoiles. Ils ont une masse de plusieurs millions voire de plusieurs milliards de soleils. Par définition, aucune lumière ne s'échappe d'un trou noir. On est donc en droit de se demander comment on les détecte. La réponse est simple : on cherche des preuves indirectes car, qu'ils soient petits ou gros, les trous noirs se trahissent par leur voracité. Dans le cas des trous noirs de masse stellaire qui appartenaient à un système double, l'étoile survivante se fait arracher son gaz en raison du champ gravitationnel immense que déploie sa défunte compagne. Comme le décrit l'astronome américain Trinh Xuan Thuan dans son livre *Origines* : « *Parce que le trou noir tourne sur lui-même, tout l'espace environnant est entraîné dans un fantastique mouvement de tourbillon. Le gaz ne tombe pas tout droit dans le trou noir, mais s'en approche en décrivant des spirales de plus en plus resserrées et se dispose en forme de disque aplati autour du trou noir. Chauffé à des millions de degrés par sa chute dans le trou noir, le gaz émet de copieuses quantités de rayons X.* » Des rayons X que les astronomes détectent.

C'est à peu près le même mécanisme qui peut être vu en action au voisinage des trous noirs galactiques, qui se « nourrissent » du disque de matière en rotation autour d'eux. En analysant la vitesse à laquelle tourne ce disque, on peut en déduire la masse du corps situé au centre. Comme ce corps est énorme et tient dans un espace réduit, il est facile pour les astronomes de conclure que seul un trou noir peut remplir les deux conditions. Ainsi, au centre de la Voie lactée réside un de ces objets obscurs et gloutons... qui semble à la diète pour le moment. Il prend une bouchée de temps en temps, mais, ainsi que le prédit le cosmologiste Jean-Pierre Luminet dans son livre *Le Destin de l'Univers*, l'ogre peut se réveiller à tout moment : « *Lorsque 2 millions d'étoiles gravitent à faible distance d'un trou noir géant, il y a quelque chance pour que, une fois tous les 10 000 ans en moyenne, l'une d'elles dévie de son orbite circulaire pour plonger en direction du trou noir.* » Que l'on se rassure : nous sommes trop loin du centre galactique pour un jour servir de pitance à la bête...

À retenir

• L'idée de trou noir remonte à la fin du XVIIIe siècle, lorsqu'on imagina des objets si massifs et si compacts que même la lumière ne pourrait s'échapper de leur champ gravitationnel.

• Un trou noir naît lors de la mort d'une étoile massive : son cœur se contracte sans retenue sous l'effet de sa propre masse jusqu'à se condenser en un point qui déforme l'espace-temps alentour.

• Si un hypothétique voyageur parvenait à s'approcher d'un trou noir, il verrait le temps s'accélérer dans le reste de l'Univers. À l'inverse, quelqu'un qui l'observerait aurait l'impression que les actions de cet astronaute se ralentiraient jusqu'à se figer dans le temps.

• Il existe deux catégories de trous noirs : ceux de masse stellaire et ceux, incroyablement plus massifs, qui siègent au centre de nombreuses galaxies. Ces derniers ont été formés par la fusion de plusieurs trous noirs sans doute issus de la première génération d'étoiles de l'Univers.

• Par définition, les trous noirs sont invisibles. Mais les astronomes peuvent indirectement en détecter la présence car, avant de tomber à l'intérieur, la matière environnante s'échauffe et émet des rayonnements.

L'Univers violent

L'Univers est le théâtre d'événements particulièrement brutaux dont les niveaux d'énergie sont souvent inimaginables : cannibalisme stellaire, collision d'étoiles à neutrons, fusion de trous noirs géants. Petite visite d'un bestiaire pas comme les autres, celui des monstres cosmiques.

Si l'on regarde l'Univers d'un œil anthropomorphique, on ne peut que le qualifier de « violent ». D'implacables mécanismes physiques dirigent et broient les objets qui le peuplent. L'endroit est dangereux, agité de spasmes mettant en jeu des énergies considérables. Longtemps mystérieux, ces coups de chaud du cosmos sont désormais mieux connus grâce aux télescopes spatiaux travaillant dans la partie la plus énergétique du spectre électromagnétique : les rayons X et les rayons gamma. L'atmosphère est opaque à ces rayonnements (et heureusement pour nous, Terriens, qui autrement serions grillés comme des saucisses sur un barbecue), les chercheurs ont donc dû lancer leurs instruments au-dessus d'elle. Depuis un quart de siècle, une petite flottille d'explorateurs célestes a donc été créée dont les principaux représentants sont CGRO (lancé en 1977), Beppo-SAX (1996), Chandra (1999), HETE-2 (2000), Integral (2002), Swift (2004) et Fermi (2008).

Le plus souvent, les soubresauts sidéraux trahissent un acte de cannibalisme stellaire, la gravité rendant les astres « gloutons ». Pour que l'un mange l'autre, il faut être deux ce qui est le cas des étoiles binaires, nombreuses dans notre galaxie. Les deux étoiles sont nées ensemble et tournent autour du centre de masse (barycentre) du système qu'elles forment. Si, au départ, l'une est bien plus grosse que l'autre, elle vit aussi moins longtemps car la durée de vie d'une étoile est inversement proportionnelle à sa masse. Au terme de sa courte existence, elle explose en supernova et il ne reste plus que son cœur extrêmement compact, sous forme d'étoile à neutrons.

L'humanité dans un dé à coudre

La densité d'un tel astre est exceptionnelle : l'équivalent en matière d'un Soleil, voire davantage, concentré dans une sphère du même rayon que celui de Paris. La masse volumique moyenne d'une étoile à neutrons est de 300 millions de tonnes par centimètre cube. Cela revient, grosso modo, à faire tenir l'humanité entière dans un dé à coudre ! À côté de l'étoile à neutrons, qui est en réalité un cadavre condensé d'étoile, sa compagne, elle, est toujours active. Mais elle se fait dépouiller petit à petit de son gaz, arraché par l'immense champ gravitationnel de l'étoile à neutrons. Ce n'est en général qu'une fraction infime de sa masse, mais cela peut avoir des effets spectaculaires.

Le gaz forme un disque tournant rapidement autour de l'étoile à neutrons et finit par tomber sur la croûte solide qui est à sa surface. Comme l'écrit le cosmologiste français Jean-Pierre Luminet dans *Le Destin de l'Univers* : « *À la surface d'une étoile à neutrons, la gravité est si gigantesque que la vitesse de chute atteint 100 000 km/s. Dans ces conditions, 10 g de gaz libèrent sous forme de rayonnement X une énergie équivalente à la bombe d'Hiroshima.* »

Mais, à chaque seconde, ce ne sont pas 10 misérables grammes de gaz qui percutent l'étoile à neutrons. Centaurus X-3, qui est le premier objet de ce type à avoir été identifié, capture en une année l'équivalent de la masse de la Lune. Ce qui fait plus de 2 300 milliards de tonnes de gaz par seconde ! Les zones où la matière s'écrase sont chauffées à des températures dépassant les 100 millions de degrés...

Le mystère du Cygne

Dans certains cas, l'étoile à neutrons est remplacée par un trou noir, qui résulte de la mort d'une étoile originelle encore plus massive. C'est notamment le cas de l'objet Cygnus X-1. Celui-ci, détecté pour la première fois dans les années 1960 grâce aux rayons X qu'il émet, est situé à plus de 6 000 années-lumière de nous dans la constellation du Cygne. À l'époque où il a été découvert, les trous noirs n'étaient encore que des objets théoriques. Mais les astrophysiciens ont réussi à prouver que le mystérieux objet arrachant de la matière à sa compagne, une géante bleue, était bien supérieur en masse à la limite maximale de l'étoile à neutrons. Cygnus X-1 est donc le premier trou noir identifié de l'histoire de l'astronomie et on doit cette découverte à son appétit.

Mais il y a encore nettement plus gourmand que ces étoiles à neutrons ou que ces petits trous noirs stellaires. Un grand nombre de galaxies possèdent en leur centre une phénoménale source d'énergie comme c'est le cas de Centaurus A, une galaxie éloignée de seulement 14 millions d'années-lumière. Cela se traduit par deux jets très fins de matière jaillissant de part et d'autre de la galaxie à une vitesse très proche de celle de la lumière. On les appelle des « jets relativistes ». En les découvrant, les astronomes se sont posé de nombreuses questions. Qu'est-ce qui est capable d'accélérer de la matière à une telle vitesse, ordinairement réservée à des particules dépourvues de masse comme les photons ? Qu'est-ce qui peut expliquer cette incroyable activité des noyaux galactiques ?

Ogres galactiques

De nouveau, il faut aller chercher du côté des trous noirs. Mais pas le petit trou noir de Cygnus X-1. Non, il faut un monstre cosmique, un objet de plusieurs millions voire de 1 milliard de masses solaires. Ces monstres, ces trous noirs géants, existent bien et sont en fait consubstantiels aux galaxies : ils sont les produits des premières étoiles supermassives qui ont peuplé ces galaxies à leur origine. Ils se sont fondus les uns dans les autres et ont grossi tout en restant cantonnés dans des espaces de taille très modeste si on les compare à leur masse. De fait, ces objets tiendraient dans le système solaire. Mais comment se ravitaillent-ils ?

Pour produire les débauches d'énergie que les astronomes mesurent, les trous noirs géants tapis au centre des galaxies doivent avaler plusieurs fois la masse du Soleil chaque année. Comme c'était le cas pour l'étoile à neutrons citée plus haut, un disque de matière tourne autour de l'ogre. Il est alimenté par les étoiles qui se sont aventurées trop près de lui. Celles-ci, sous l'effet du champ gravitationnel extrême créé par la masse du trou noir, sont littéralement aplaties comme des crêpes et, montant brusquement en température sous l'effet de la compression, explosent et éparpillent leur matière dans le disque. En tombant vers le trou noir, le gaz qui le compose s'échauffe et émet des rayons X.

Dans le bestiaire qui compose l'Univers violent, on trouve également des animaux capables d'engendrer des rayons gamma, encore plus énergétiques que les rayons X. Il peut s'agir de la collision catastrophique de deux étoiles à neutrons. Ce peut être également une hypernova, une explosion encore plus puissante qu'une supernova. À l'origine de ce phénomène, on trouve forcément les étoiles les plus massives qui existent, des supergéantes de plus de 100 masses solaires. Lorsqu'elles ont consommé tout leur « carburant », elles se transforment directement en trous noirs sans passer par la case « étoile à neutron ». Le processus produit à la fois des jets relativistes et, pendant quelques secondes, une intense bouffée de rayons gamma.

Les ondulations de l'espace-temps

Ces événements de l'extrême ont une autre conséquence :

l'émission d'ondes gravitationnelles. La réunion de deux étoiles à neutrons ou de deux trous noirs est en effet susceptible de créer des ondulations dans le continuum spatio-temporel, ondulations qui se déplacent, selon Albert Einstein, à la vitesse de la lumière. À leur passage, l'espace-temps et toute la matière qui est inscrite à l'intérieur se déforment ! Les distances sont raccourcies ou allongées. Le concept peut sembler incroyable mais des mesures et des calculs très précis réalisés par les Américains Russell Hulse et Joseph Taylor sur un couple d'étoiles à neutrons ont montré que le rapprochement des deux corps collait avec l'émission d'ondes gravitationnelles, ce qui leur a valu le prix Nobel de physique en 1993.

Pour l'heure, nous n'avons observé directement aucune de ces ondes. Il faut dire que cette détection tient de l'impossible car l'amplitude des ondulations est infime. À supposer que deux galaxies lointaines fusionnent leurs trous noirs géants, cela ne ferait varier la distance entre la Terre et le Soleil que de la largeur d'un atome ! Malgré cela, les chercheurs ne se sont pas découragés : plusieurs instruments ont été construits, des appareils de plusieurs kilomètres de long à deux branches perpendiculaires parcourues par des lasers. Les longueurs des deux branches sont comparées en permanence avec une très grande précision. Si une onde gravitationnelle relativement puissante passe par là, la dimension d'au moins une des deux branches sera momentanément perturbée et, on l'espère, permettra de détecter cette onde. Les chances sont minuscules, mais, selon les chercheurs, l'expérience vaut le coup d'être tentée car l'information portée par une onde gravitationnelle n'est ni dégradée ni perdue durant son trajet, ce qui est loin d'être le cas avec les ondes électromagnétiques, et elle peut en dire long sur les objets ultradenses. Surtout, cette astronomie d'un nouveau genre nous permettra enfin d'assister aux débuts, eux aussi violents, du cosmos. L'Univers jeune étant longtemps resté opaque, la première lumière que nous en ayons n'a jailli que 380 000 ans après le big bang : c'est le rayonnement fossile. De la même manière, il doit exister un rayonnement gravitationnel fossile, très faible. Mais si on parvient à le détecter un jour, il nous fera remonter à la première seconde du big bang…

À retenir

• L'Univers est un lieu violent où peuvent avoir lieu différentes sortes de cataclysmes relâchant des quantités considérables d'énergie. Les astronomes détectent ces phénomènes grâce aux très énergétiques rayons X et rayons gamma qu'ils produisent.

• Il peut s'agir, dans des systèmes doubles, d'une étoile à neutrons ou d'un trou noir qui aspire une partie du gaz de son compagnon et le porte à très haute température.

• Les trous noirs géants situés au centre de nombreuses galaxies sont aussi de grands spécialistes de ce cannibalisme stellaire car ils mettent en pièces les étoiles qui ont l'imprudence de passer trop près d'eux.

• Dans le bestiaire de l'Univers violent figurent également les collisions d'étoiles à neutrons ou les hypernovae, qui sont les explosions des étoiles les plus massives du cosmos.

• Ces événements produisent des ondes gravitationnelles qui déforment l'espace-temps et la matière qu'il contient. Même si leur effet est infime, les astronomes tentent de les détecter à l'aide d'instruments ultraprécis. Les chercheurs espèrent également pouvoir observer un jour les ondes gravitationnelles émises lors du big bang.

Aux origines
de la vie

Et le système solaire naquit

La formation du système solaire, il y a un peu plus de 4,5 milliards d'années, est un processus complexe qui a donné naissance à une multitude d'astres aux caractéristiques disparates : planètes rocheuses comme la Terre, planètes gazeuses, satellites, planètes naines, astéroïdes et comètes.

C'est un conte de fées qui s'est reproduit des milliards et des milliards de fois dans notre Voie lactée, mais, comme tous les contes de fées, ce qu'il contient de quasiment magique, voire de miraculeux, vaut qu'on le raconte. Il était donc une fois un immense nuage interstellaire de gaz qui tournait paisiblement autour du centre de notre galaxie, dans le voisinage d'étoiles massives. Brûlant la chandelle par les deux bouts, ces astres mouraient dans d'immenses explosions, les supernovae, qui relâchaient dans l'espace tous les éléments chimiques créés dans leurs forges thermonucléaires. C'est ainsi que notre nuage, formé à 98 % d'hydrogène et d'hélium, s'enrichit en carbone, oxygène, azote, fer, calcium, silicium, etc.

Un beau jour, il y a un peu plus de 4,5 milliards d'années, une partie de ce nuage, peut-être bousculée par l'onde de choc d'une nouvelle supernova, s'est contractée sous sa propre masse. La conséquence immédiate de cet effondrement gravitationnel fut la naissance, au centre de la nébuleuse, d'une nouvelle étoile, le Soleil. Mais l'histoire ne s'arrête pas là. Le plus beau reste à venir. En s'effondrant sur elle-même, cette nébuleuse se mit à tourner de plus en plus vite, à la manière d'un champion de patinage artistique ramenant ses bras contre son corps. La vitesse de rotation augmentant, toute la matière qui ne fut pas engloutie dans le Soleil s'aplatit comme une crêpe et se transforma en ce que les astronomes appellent « le disque protoplanétaire ». Celui-ci contenait du gaz, bien sûr, mais aussi d'innombrables grains de « poussière ». Considérés par les chercheurs comme de microscopiques laboratoires de chimie, ces grains résultaient de l'amalgame d'atomes qui, en s'assemblant, ont formé des molécules plus ou moins complexes.

Une famille hétéroclite

Tout comme les petits ruisseaux font les grandes rivières, ces poussières se sont, au fil des ans, des siècles et des millions d'années, agglutinées les unes contre les autres. Lors de ce processus dit « d'accrétion », on a vu apparaître en premier de minuscules graviers puis des cailloux, des rochers, etc. L'accumulation progressive de ces embryons de planètes, appelés « planétésimaux », s'est poursuivie et a donné naissance à des astéroïdes aux contours irréguliers. Dès qu'ils dépassaient plusieurs centaines de kilomètres de rayon, la gravité les remodelait pour leur donner une forme sphérique. Au terme du conte de fées, d'un simple nuage de gaz et de poussières, un système solaire complet était né.

Tous les astres qui le composent sont frères et pourtant, à regarder la photo de famille, on a l'impression que certains sont des pièces rapportées. Qu'y voit-on ? Le système solaire, c'est d'abord une étoile, le Soleil ; puis, lorsqu'on s'en éloigne, on trouve un groupe de quatre planètes rocheuses (dans l'ordre, Mercure, Vénus, la

Terre et Mars) ; ensuite vient une étrange ceinture d'astéroïdes ; plus loin apparaît un second quatuor (Jupiter, Saturne, Uranus et Neptune) composé de planètes gazeuses beaucoup plus massives que les quatre premières ; enfin, en s'enfonçant dans les profondeurs du système solaire, on découvre les objets transneptuniens (dont les plus célèbres sont la planète naine Pluton ou les comètes) rangés dans plusieurs réservoirs comme la ceinture de Kuiper ou le nuage de Oort.

Un hypothétique astronome extraterrestre découvrant notre système solaire s'interrogerait sur les raisons de sa si grande diversité et notamment sur les mécanismes ayant abouti à la formation de deux groupes de planètes si différents. D'un côté, les petites rocheuses, la plus grosse étant la Terre avec ses 6 378 km de rayon à l'équateur, que certains auteurs nomment « planètes telluriques » et qui forment le système solaire interne. Dans l'autre coin du « ring » céleste, les géantes gazeuses : la plus grosse représentante de ce groupe, Jupiter, est 11 fois plus grande que la Terre et sa masse est 318 fois plus élevée. Si l'on met de côté la masse du Soleil, les quatre planètes extérieures représentent 99 % de la masse du système solaire.

Une baignoire pour Saturne

Dans son livre *Origines*, l'astrophysicien américain Trinh Xuan Thuan s'interroge : « *Comment expliquer cette dichotomie entre la taille, la masse et la composition chimique des deux groupes de planètes ?* » La réponse est simple et la « faute » en revient au Soleil : « *Il agit comme un immense ventilateur qui évacue le gaz de la partie intérieure du système solaire vers sa partie extérieure. Les feux ardents du jeune Soleil chauffent l'atmosphère originale des planètes intérieures, ce qui se traduit par une débauche de mouvement des atomes de gaz. Ceux-ci ne peuvent être retenus par les planètes intérieures car leur masse, et donc leur gravité, sont trop faibles.* » L'essentiel de l'hydrogène et de l'hélium présent au départ dans les planètes proches de notre étoile s'échappe dans l'espace. Seuls subsistent les éléments les plus lourds tels les silicates et les métaux ou des gaz comme le dioxyde de carbone.

Autant les planètes intérieures ont dû s'adapter à la disette de matériaux, autant les planètes extérieures ont grandi dans un monde d'abondance. Abondance de gaz car le Soleil est trop loin pour les en dépouiller. Abondance aussi de planétésimaux qui forment par la suite le noyau solide des géantes (ainsi que leurs satellites et la matière de leurs anneaux), lequel capture l'hydrogène et l'hélium dont ces planètes sont très majoritairement composées. Ainsi, la densité de Saturne est tellement faible que les astronomes aiment à dire qu'elle flotterait sur de l'eau, si on trouvait une baignoire assez grande pour l'y tremper…

Hydrogène métallique

Pour les astrophysiciens, déterminer la structure et les caractéristiques internes d'une planète comme Jupiter représente un défi. Pour commencer, son atmosphère tumultueuse – des orages et des tempêtes avec des vents atteignant les 360 km/h ne sont pas rares – et épaisse de plusieurs centaines de kilomètres empêche d'en voir la « surface » (encore faut-il que surface il y ait car il n'y a pas de croûte dure sur une géante gazeuse). Au fur et à mesure que l'on s'enfonce vers les profondeurs de Jupiter, le gaz se condense et aux nuages succède une sorte de brouillard formé d'innombrables gouttelettes d'hydrogène. Puis, la pression aidant, un océan global d'hydrogène apparaît, épais de plusieurs milliers de kilomètres. Si l'on plonge encore plus loin dans les « abysses », la pression et la température ont tellement augmenté que les électrons se désolidarisent des noyaux atomiques et l'hydrogène, toujours liquide, se comporte comme un métal, transportant l'électricité et engendrant un puissant champ magnétique. Enfin, au centre de la planète, le noyau dur, porté à une température de 25 000 °C est soumis à une pression valant 12 millions de fois la pression atmosphérique terrestre.

Le système solaire ne se résume pas à son étoile centrale et à ses huit planètes, qui en sont les composantes les plus évoluées. En font également partie une multitude d'autres corps qui se répartissent en plusieurs groupes. Le plus proche de nous, et probablement aussi le plus connu, est la ceinture d'astéroïdes située entre les orbites de Mars et de Jupiter. Des centaines de milliers d'objets, constitués de roches et de métaux, ont déjà été recensés, du rocher à la planète naine comme Cérès qui, avec ses 950 km de rayon, a peu ou prou les dimensions de la France. Ces astéroïdes sont les restes d'un groupe de planétésimaux qui, en raison de l'influence gravitationnelle de leur massive voisine Jupiter, n'ont jamais pu s'assembler pour former une véritable planète.

L'exclusion de Pluton

Beaucoup plus loin dans le système solaire, au-delà de l'orbite de Neptune, on trouve un deuxième réservoir de petits objets : la ceinture de Kuiper. Nettement plus grande et plus peuplée que la ceinture d'astéroïdes, elle regroupe des résidus de la formation du système solaire et quelques planètes naines dont la plus connue est Pluton. Repérée en 1930 par l'Américain Clyde Tombaugh, Pluton a, pendant trois quarts de siècle, été considérée comme la neuvième planète du système solaire. Mais sa très petite taille, certaines caractéristiques très particulières (comme son excentricité et son inclinaison prononcée par rapport au plan dans lequel évoluent les planètes) et, surtout, la découverte, dans la ceinture de Kuiper, de plusieurs astres gelés qui lui sont très semblables, ont conduit à une redéfinition de la notion de planète, excluant Pluton de la liste. Les « habitants » de la ceinture de Kuiper sont essentiellement faits de glaces (de méthane, d'ammoniac et d'eau) en raison de la température très basse qui y règne.

Une composition très semblable à celle des comètes, la dernière catégorie d'objets présents dans le système solaire. Originaires de la ceinture de Kuiper ou d'un hypothétique réservoir plus lointain encore, le nuage de Oort, les comètes ne dépassent pas en général quelques kilomètres de diamètre. Mais cette modestie apparente ne les empêche pas de se donner en spectacle lorsque leur orbite très elliptique les rapproche du Soleil. Sous l'effet du rayonnement de notre étoile, gaz et poussières sont libérés et s'illuminent sous la forme d'une longue queue brillante. Histoire de mettre sous les feux de la rampe ces vestiges vagabonds du système solaire.

À retenir

• L'effondrement sur lui-même d'un nuage interstellaire, il y a un peu plus de 4,5 milliards d'années, a donné naissance au système solaire, une famille d'astres comprenant notre étoile, le Soleil, huit planètes, mais aussi une multitude de petits objets : satellites, planètes naines, astéroïdes et comètes.

• Deux groupes de planètes bien distincts existent : les quatre planètes rocheuses, petites et proches du Soleil (dont la Terre), et les quatre géantes gazeuses, plus éloignées, qui forment le système solaire dit « externe ».

• Les premières ont, peu après leur naissance, été « nettoyées » de leur hydrogène et de leur hélium et seuls les éléments ou les molécules les plus lourds ont subsisté (roches, métaux, CO^2).

• Autour d'un noyau solide, les planètes gazeuses ont accumulé de l'hydrogène et de l'hélium, qui se présentent soit sous forme gazeuse soit sous forme liquide.

• Les planètes naines (comme Pluton) et la grande majorité des petits astres, vestiges du système solaire primitifs, sont regroupées dans plusieurs « réservoirs » dont les plus connus sont la ceinture d'astéroïdes, située entre Mars et Jupiter, et la ceinture de Kuiper.

L'exception terrestre

Il a fallu des conditions très particulières pour que la vie telle que nous la connaissons apparaisse, se développe et se perpétue sur Terre. Cela implique-t-il pour autant que les formes de vie « intelligente » sont rarissimes dans l'Univers ? Le débat entre astronomes est loin d'être clos.

Par sondes interposées, l'homme a exploré une bonne partie du système solaire, même si les régions les plus éloignées lui sont encore inaccessibles. Il a aussi détecté plusieurs centaines de planètes tournant autour d'autres étoiles que le Soleil et le rythme de ces découvertes continuera à s'accélérer avec la nouvelle génération d'instruments. Pourtant, dans notre voisinage proche ou sur les planètes extrasolaires, aucune trace de vie, qu'elle soit « intelligente » ou plus rudimentaire, n'a encore été repérée. Certes, l'exploration n'a commencé qu'il y a quelques décennies et, à l'échelle des temps géologiques, l'humanité et l'astronomie sont des bébés à peine nés. Toutefois, les chercheurs sont divisés sur les obstacles qui peuvent s'opposer à l'apparition de la vie ailleurs. Certains, optimistes, estiment que la vie constitue un phénomène banal; d'autres, pessimistes, pensent que la Terre a bénéficié de conditions exceptionnelles et que la présence de l'homme à sa surface tient du miracle.

Les premiers ont pour eux la force des chiffres : dans la seule Voie lactée existent plusieurs centaines de milliards d'étoiles et nombreuses sont celles qui sont dotées de compagnons. Si l'on ajoute à cela qu'il existe au moins 100 milliards de galaxies dans l'Univers observable, les possibilités, disent ces scientifiques, deviennent gigantesques. Tellement gigantesques qu'il n'y a aucune raison de penser que la vie, dans le cosmos, s'est cantonnée à notre planète.

Cette théorie, connue sous le nom de « principe de médiocrité », est un prolongement de la pensée de Copernic, lequel pensait que la Terre était un astre banal qui n'occupait pas de position privilégiée dans l'Univers. Les chercheurs qui en sont les partisans soulignent que la vie sur Terre a surgi à partir d'un arrangement assez simple d'atomes présents dans toutes les galaxies et que ce qui s'est produit ici à fort bien pu se produire ailleurs.

« Planète Boucles d'Or »

À l'opposé, les partisans de l'hypothèse dite « de la Terre rare » insistent sur le presque incroyable concours de circonstances qui a conduit notre planète à abriter une vie « intelligente ». Il fallait, disent-ils, que la Terre voie le jour dans un environnement surprotégé. Cela commence par la localisation du système solaire. En effet, tous les emplacements ne se valent pas dans la Voie lactée. Il y a du bon à vivre dans la banlieue de notre galaxie. Évoluer dans ses régions centrales signifie recevoir des quantités importantes de rayons X et de rayons gamma, des rayonnements que les organismes n'apprécient guère. Mieux vaut également éviter les zones trop denses en étoiles, pour deux raisons : la première, c'est que les grosses étoiles vivent peu de temps et terminent leur vie dans de monumentales explosions ; la seconde tient aux perturbations gravitationnelles que la masse des étoiles trop proches fait subir aux petits astres (comètes, astéroïdes, planètes naines), lesquels peuvent être éjectés de leur orbite et se transformer en bolides tueurs… D'un autre côté, il ne faut pas s'installer trop loin du centre de la galaxie pour ne pas risquer la pénurie d'éléments lourds nécessaires à la fabrication d'une planète rocheuse.

Pas trop près, pas trop loin… Ce refrain se retrouve beaucoup dans la bouche des cosmologistes, qui ont surnommé la Terre « planète Boucles d'Or » en référence au célèbre conte pour enfants dont l'héroïne, qui est entrée dans la maison des trois ours pendant leur absence, trouve que tel bol de soupe est trop chaud ou trop froid, tel fauteuil trop dur ou trop mou, et choisit à chaque fois ce qui est « juste comme il faut ». De la même manière, la Terre a eu la « chance » de naître auprès d'une étoile ni trop grosse ni trop petite. Dans le premier cas, l'étoile aurait rapidement consommé ses réserves de carburant et explosé avant que la vie n'apparaisse. Dans le second cas, la Terre aurait dû, pour disposer d'eau sous forme liquide, s'approcher très près de son étoile naine, au risque de subir de plein fouet des éruptions solaires.

La bonne distance

De ce point de vue, le Soleil est une étoile idéale. Mais pour que la Terre constitue un environnement propice à la vie, encore a-t-il fallu qu'elle se situe dans ce que les astronomes appellent « la

zone d'habitabilité ». Si une planète a son orbite inscrite entre les deux bords de cette zone, l'eau y est présente sous forme liquide, une condition jugée indispensable à la vie. Plus loin, ce n'est que de la glace et plus près, elle s'évapore.
C'est le triste sort qui a été réservé à Vénus. Connue sous le nom impropre d'« étoile du Berger », cette planète est une quasi-jumelle de la Terre si l'on considère sa taille et sa masse. Simplement, elle a eu le « malheur » de résider à 108 millions de kilomètres du Soleil (contre 150 pour la Terre). Plus chaude que notre planète, elle ne pouvait voir son eau se condenser durablement sous forme liquide et former des océans où le dioxyde de carbone contenu dans son atmosphère se serait dissous. Au contraire, Vénus s'est asséchée suite à l'emballement d'un impitoyable effet de serre. Aujourd'hui, son atmosphère très épaisse est composée presque entièrement de CO^2 et il règne à sa surface une infernale température de 470 °C, soit davantage que la température de Mercure qui est pourtant située beaucoup plus près du Soleil.

Une Lune protectrice

Suivant les modèles, la « fenêtre » que représente la zone d'habitabilité est soit une lucarne soit une grande baie vitrée. Pour certains chercheurs, il n'est donc pas exclu que Mars soit située dans cette fameuse zone. Même si les paysages de la planète rouge évoquent le plus souvent des déserts de pierre, nombreux sont les signes indiquant que l'eau y a jadis coulé à flots. Il est probable que, dans les premiers temps de son existence, Mars ait connu un climat bien plus tempéré qu'il ne l'est actuellement, grâce au CO^2 contenu dans son atmosphère, qui créait un effet de serre réchauffant la surface de la planète. Mais suite à un épisode de volcanisme et de bombardement météoritique, la planète, trop légère (un dixième de la masse de la Terre), aurait progressivement perdu son atmosphère protectrice ainsi que son eau liquide. On ignore toujours si oui ou non la vie a eu le temps de commencer à s'y développer...

En plus d'être située dans la bonne région de la galaxie et de voguer à la bonne distance de la bonne étoile, la Terre a disposé d'un autre atout dans son jeu déjà bien servi : la Lune. Tout avait pourtant mal commencé. Quelques dizaines de millions d'années seulement après la formation du système solaire, une petite planète de la taille de Mars est venue percuter la Terre de plein fouet. Sous l'impact, un volume considérable de débris s'est retrouvé en orbite autour de notre planète et s'est rassemblé pour créer un satellite naturel hors du commun puisque le diamètre de la Lune vaut plus du quart de celui de la Terre. Ce n'est pas anodin. En effet, la Lune a une présence « apaisante » en ce sens qu'elle stabilise l'axe de rotation de la Terre, incliné d'un peu plus de 23° par rapport au plan dans lequel elle se déplace autour du Soleil. C'est cette inclinaison qui est la cause des saisons. Si la Lune n'était pas là, cet axe risquerait de subir des changements d'inclinaison chaotiques, pouvant aussi bien se redresser complètement que se coucher. Des mouvements qui auraient pour conséquence d'importants cataclysmes climatiques probablement difficiles à supporter pour nombre d'espèces vivantes.

Extinctions de masse

La vie est fragile et, d'une certaine manière, l'espace n'est pas son ami. Au cours de son long cheminement, depuis l'apparition des premiers êtres vivants unicellulaires jusqu'à aujourd'hui, elle a dû faire face à quelques bombardements météoritiques de grande envergure. À cet égard, les astronomes ont longtemps pensé que la présence d'une planète géante comme Jupiter dans le système solaire était aussi une condition indispensable à la sauvegarde de la vie sur Terre : d'après leur hypothèse, Jupiter servirait en quelque sorte de bouclier antiastéroïdes. Mais une simulation récente effectuée en 2008 par une équipe britannique a montré qu'au lieu de diminuer les probabilités de collisions, la géante gazeuse pouvait au contraire les augmenter ! D'un autre côté, il faut aussi reconnaître que la dernière grande extinction de masse due à la chute d'une météorite, il y a 65 millions d'années, a favorisé la multiplication des mammifères à la surface de la Terre. L'homme aurait-il pu voir le jour si les dinosaures n'avaient pas été, à l'exception des oiseaux, rayés de la carte ?

L'hypothèse de la « Terre rare » a le mérite de montrer les conditions qu'il a fallu réunir pour que des organismes complexes se développent et se perpétuent dans notre monde. Cela en fait-il pour autant un passage obligé pour l'apparition d'autres formes de vie ailleurs dans l'Univers ? Pas si sûr. Certains biologistes ont donc critiqué cette hypothèse pour son anthropocentrisme et son manque d'imagination. Les planètes jumelles de la Terre peuvent effectivement être rarissimes, disent-ils en substance, mais cela n'implique pas automatiquement que des êtres intelligents, très différents de nous et dont l'organisme fonctionnerait sur une autre chimie du vivant, ne puissent pas exister dans des environnements que nous considérons comme hostiles.

À retenir

• Quelles sont les conditions nécessaires à l'apparition d'une vie « intelligente » ? Deux écoles de pensée s'affrontent à ce sujet : la première dit qu'il s'agit d'un phénomène banal, la seconde estime qu'il est rare.

• Les arguments des premiers sont les suivants : les planètes sont tellement nombreuses dans l'Univers et la chimie du vivant associant des atomes offre tellement de possibilités, que la probabilité est importante pour qu'une vie « intelligente » apparaisse en de nombreux autres endroits.

• À l'inverse, les seconds soulignent que la biodiversité actuelle, dont l'homme fait partie, a bénéficié d'un incroyable concours de circonstances pour apparaître.

• Ainsi, il a fallu que le Soleil naisse dans une région favorable et relativement tranquille de la Voie lactée, qu'il ne s'agisse pas d'une étoile trop grosse ou trop petite et que la Terre soit placée à bonne distance de lui, afin que l'eau soit présente à sa surface sous forme liquide.

• Une autre condition importante avancée par les partisans de l'hypothèse de la « Terre rare » est la présence de la Lune, satellite assez massif qui stabilise l'axe de rotation de notre planète.

Il était une fois la vie

Encore aujourd'hui, l'apparition du vivant est une énigme pour la science. Quelques pistes permettent néanmoins de se faire une idée du chemin que la matière a emprunté pour fabriquer les macromolécules de la vie que sont les protéines ou l'ADN et pour s'organiser dans des cellules autoréplicantes.

C'est la question des démiurges. Comment passer de l'inanimé à l'animé ? Comment insuffler la vie à la glaise initiale ? Comment transformer les éléments, très simples, formés lors du big bang ou forgés dans le cœur des étoiles en organismes capables de se construire selon un programme, d'échanger de la matière et de l'énergie avec leur environnement et de se reproduire ? La biologie est d'une fascinante richesse. Imaginez que le moindre humain compte bien plus de cellules qu'il n'y a d'étoiles dans la Voie lactée (10 000 milliards contre 200 à 400 milliards). Imaginez que chacune de ces cellules est une usine où travaille une population de molécules géantes. Imaginez que ces molécules sont chacune d'une complexité supérieure aux molécules qui composent le monde minéral. Imaginez tout cela et vous comprendrez que la vie est, d'une certaine façon, la plus grande expérience de chimie de l'histoire cosmique.

Autant les cosmologistes ont pu, à partir des lois qui régissent la physique, remonter le temps jusqu'au moment où tout l'Univers était concentré en un point, autant les biologistes sont pour le moment incapables d'écrire le scénario du big bang du vivant. Cela ne les empêche pas, depuis le XIXe siècle, d'avoir quelques idées. Une des plus fameuses se trouve dans une lettre que Charles Darwin adressa en 1871 à son ami, le botaniste Joseph Dalton Hooker. Le père de la théorie de l'évolution y imaginait « *dans quelque petite mare chaude, en présence de toutes sortes de sels d'ammoniac et d'acide phosphorique, de lumière, de chaleur, d'électricité, etc., qu'un composé de protéine fût chimiquement formé, prêt à subir des changements encore plus complexes »*.

Le « brouet » de Stanley Miller

Même si, à la lumière de la science actuelle, certains détails ne sont pas exacts, cette intuition de Charles Darwin selon laquelle une chimie prébiotique – c'est-à-dire précédant le vivant – pouvait avoir donné une espèce de « soupe primordiale » allait connaître un grand succès. Sa plus célèbre retombée est l'expérience que tenta en 1953, un jeune biologiste américain de 23 ans nommé Stanley Miller. Ainsi que le résume Joël de Rosnay dans son livre *Et l'homme créa la vie*, son but est de « *synthétiser, dans les conditions qui devaient régner sur la Terre primitive il y a plusieurs milliards d'années, les composés de base [...], constituants essentiels de tous les être vivants. Pour cela, il recrée l'atmosphère primitive de la Terre – un mélange de méthane, d'ammoniac, d'hydrogène et de vapeur d'eau – qu'il irradie avec des éclairs électriques simulant de violents orages, afin de lui fournir de l'énergie. [...] Au bout d'une semaine, Miller obtient une sorte de brouet de couleur jaune orangé comportant des acides aminés, molécules essentielles à la vie, ainsi que les briques des acides nucléiques, pièces de construction de l'ADN »*.

On sait aujourd'hui que la composition de l'atmosphère primitive était différente de celle testée par Stanley Miller : à la place du méthane (riche en carbone) et de l'ammoniac (porteur d'azote), on avait du dioxyde de carbone et de l'azote moléculaire. Or, dans ces conditions, l'expérience ne fonctionne plus et ne donne plus d'acides aminés... Néanmoins, elle a ouvert à la voie à de nombreux autres tests qui ont corrigé depuis ses erreurs. On sait désormais fabriquer en laboratoire, dans les conditions prébiotiques, les briques du vivant que sont les acides aminés (essentiels pour la fabrication des protéines et des enzymes) et certains nucléotides, qui composent l'ADN (acide désoxyribonucléique) mais aussi l'ARN (acide ribonucléique), lequel n'a toutefois pas la fameuse structure en double hélice de son cousin.

Le « monde ARN »

Si l'on examine de près une cellule d'animal, qu'y voit-on ? Délimitée par une membrane, cette entité de base du vivant est une usine où des protéines fabriquent d'autres protéines à partir du « plan de montage » contenu dans l'ADN du noyau cellulaire. Le casse-tête des biologistes qui veulent comprendre comment la vie est apparue sur Terre est le suivant : dans les cellules des organismes d'aujourd'hui, l'ADN ne peut rien faire sans les « bras musclés » des protéines et les protéines ne servent pas à grand-

chose sans les « ordres » de l'ADN. Essayer de déterminer lequel est apparu en premier nous fait retomber sur une variante du problème de la poule et de l'œuf...
En réalité, de nombreux chercheurs pensent que la solution de l'énigme est ailleurs et que c'est l'ARN qui a décroché la pole position dans la grande course de la vie. Car cette molécule, dont le rôle le plus connu est de dupliquer les informations de l'ADN et de les transporter jusqu'aux molécules qui les liront et s'en serviront, a une autre corde à son arc : en 1982, deux Américains, Thomas Cech et Sidney Altman, s'aperçoivent que certains ARN peuvent imiter les protéines et participer à des réactions chimiques, une découverte qui leur vaudra le prix Nobel de chimie en 1989. Cette polyvalence de l'ARN, capable de se répliquer lui-même sans le secours des protéines, a poussé le biochimiste américain Walter Gilbert à proposer l'hypothèse d'un « monde ARN ».

Hypothèse extraterrestre et hypothèse sous-marine

Ce scénario prévoit que les nucléotides (les briques de l'ARN et de l'ADN) présents dans la soupe primordiale sont parvenus à se lier entre eux de manière plus ou moins durable. Certaines associations étaient néanmoins favorisées, ce qui permettait une stabilité de ces molécules. Plus elles grossissaient, plus elles attiraient rapidement de briques. Ce sont ces chaînes d'ARN qui pourraient avoir constitué les premières formes de vie. Plus ou moins différentes les unes des autres, ces chaînes auraient été soumises à la sélection naturelle et les plus efficaces, c'est-à-dire celles capables de se reproduire le mieux et le plus vite, auraient survécu et se seraient enrichies pour former l'ARN moderne. En interagissant avec les autres briques que sont les acides aminés, l'ARN aurait ensuite participé à la fabrication des premières protéines. Et ce n'est qu'en fin de parcours que l'ADN, dont la composition chimique est très proche de celle de l'ARN, serait apparu et se serait imposé, grâce à sa structure en double hélice, comme une solution plus robuste pour le stockage de l'information génétique.

Comme dans toutes les hypothèses, il y a des zones d'ombre et du conditionnel. D'autres scénarios, plus exotiques mais néanmoins possibles, lui font de la concurrence. La théorie de la panspermie, défendue par le Suédois Svante Arrhenius il y a un siècle, dit ainsi que la vie est apparue dans l'espace avant d'ensemencer la Terre (via des comètes ou des astéroïdes) où elle aurait trouvé les conditions idéales pour se développer. Une variante de cette idée explique que Mars a d'abord accueilli ces « germes » et que la collision avec un ou plusieurs astéroïdes les a ensuite éjectés sur notre planète. Autre hypothèse : la vie aurait pu naître au fond des océans, sur les sources hydrothermales. Ces endroits où les plaques tectoniques s'écartent voient remonter de l'eau chaude riche en métaux et en gaz dissous comme de l'hydrogène, du méthane, du gaz carbonique et du sulfure d'hydrogène. Des chercheurs ont également montré que l'ammoniac cher à Darwin et Stanley Miller pouvait s'y former et donner une source d'azote pour la construction des acides aminés. Autre argument en faveur de cette hypothèse, malgré la température élevée et malgré le manque de lumière et d'oxygène, ces sources hydrothermales sont un monde riche en vie.

La première bactérie

Même si la science n'a toujours pas résolu le mystère du commencement de la vie sur Terre, une chose est sûre : il y a environ 4 milliards d'années, celle-ci est apparue sous la forme d'une bactérie, un être unicellulaire sans noyau, capable de se reproduire en se divisant. Ces bactéries ont, au fil des temps géologiques (des centaines de millions d'années), produit suffisamment d'oxygène par photosynthèse pour modifier la composition de l'atmosphère. Elles ont évolué sous la pression de la sélection naturelle jusqu'au jour où, par le jeu des mutations génétiques, un autre type d'organisme est apparu, une cellule avec noyau qui allait inventer la reproduction sexuée. La vie s'est ensuite complexifiée avec l'arrivée des premiers êtres pluricellulaires, dont il ne nous reste que peu de traces.

Ceux qui, en revanche, nous ont laissé quantité de fossiles sont les animaux nés lors de ce que les géologues appellent « l'explosion cambrienne » (entre 542 et 530 millions d'années avant aujourd'hui). Dans les couches géologiques apparaît soudain une diversité exubérante de formes biologiques, avec les ancêtres de toutes les grandes branches actuelles d'animaux. Tout cela se passe dans les océans, mais, il y a environ 450 millions d'années, des plantes font le pari de sortir de l'eau (ou bien elles y sont obligées), bientôt suivies par des animaux.

On connaît la suite. D'adaptations en mutations, de grandes extinctions en changements climatiques, la vie a continué sa conquête des eaux, des terres puis du ciel avec l'apparition des premiers dinosaures-oiseaux. Les dinosaures ont disparu il y a 65 millions d'années après qu'un gros astéroïde a percuté la Terre. Est alors venu le temps des mammifères puis, aujourd'hui, celui des hommes. Qui les suivra ?

À retenir

• Autant les cosmologistes ont pu déterminer le scénario du big bang et remonter très loin dans l'histoire de l'Univers, autant les biologistes sont pour le moment dans l'incapacité d'expliquer exactement comment la vie est née sur Terre.

• Depuis le XIXe siècle, l'idée que les briques du vivant (acides aminés et nucléotides) ont pu faire leur apparition dans les conditions de la Terre primitive a fait son chemin et plusieurs expériences ont prouvé que c'était possible, sans toutefois réussir à recréer de la vie.

• L'hypothèse la plus solide dit que, des molécules géantes qui peuplent actuellement toutes nos cellules, c'est le polyvalent ARN (acide ribonucléique) qui est apparu le premier, suivi par les protéines puis par l'ADN.

• D'autres scénarios existent, qui mettent en scène soit des germes de vie créés dans l'espace qui ont ensemencé la Terre ensuite, soit les sources hydrothermales que l'on retrouve au fond des océans.

• Les premiers êtres étaient unicellulaires et sans noyau. La vie s'est ensuite complexifiée petit à petit et a subi une accélération foudroyante il y a 540 millions d'années. Aujourd'hui, l'évolution se poursuit.

Les planètes extrasolaires

Grâce à des méthodes de détection sophistiquées, les astronomes ont découvert des planètes tournant autour d'autres étoiles que le Soleil : les exoplanètes. En quinze ans, des centaines d'autres mondes ont déjà été répertoriés et laissent entrevoir des systèmes solaires bien différents du nôtre.

L'astronome suisse Michel Mayor qui, avec son compatriote Didier Queloz, découvrit en 1995 la première planète tournant autour d'une étoile autre que le Soleil aime citer le philosophe grec Épicure (341-270 av. J.-C.). Ce dernier écrit dans sa *Lettre à Hérodote* que les atomes « *qui donnent naissance à un monde, ou qui le constituent, ne sont pas épuisés par la formation d'un seul monde ou d'un nombre fini de mondes [...]. Rien par conséquent ne s'oppose à l'existence d'une infinité de mondes* ». Presque deux mille ans plus tard, à la veille de l'invention de l'astronomie moderne par Galilée, l'Italien Giordano Bruno est brûlé vif par l'Inquisition le 17 février 1600 pour avoir notamment affirmé « *qu'il existe une infinité de terres, une infinité de soleils et un éther infini* ».

Il faudra attendre la toute fin du XXe siècle pour avoir enfin la confirmation de la pluralité des mondes, c'est-à-dire de l'existence de planètes extrasolaires, également appelées exoplanètes. En annonçant, le 23 novembre 1995 dans la prestigieuse revue scientifique *Nature*, la découverte d'une grosse planète tournant autour de l'étoile 51 de la constellation de Pégase (51 Peg), Michel Mayor et Didier Queloz provoquent une explosion médiatique tout en validant les thèses d'Épicure et de Giordano Bruno : d'autres systèmes solaires que le nôtre existent. Les deux chercheurs suisses lancent du même coup la troisième révolution astronomique du XXe siècle : après la relativité et la compréhension de la nature des étoiles débute l'ère des exoplanètes.

Détection indirecte

Depuis la découverte du compagnon de 51 Peg, plus de 500 planètes extrasolaires ont été répertoriées et plus d'un millier de candidates attendent leur « homologation ». En effet, la plupart de ces astres n'ont pas été vus, mais seulement détectés de manière indirecte. La faute en revient à leur étoile : aux distances phénoménales où les astronomes observent chaque planète, celle-ci semble collée à son soleil et baigne dans sa lueur, elle devient quasiment impossible à distinguer. Il faut imaginer un ver luisant prenant place sur le guidon d'une moto en pleine nuit : à plusieurs centaines de mètres de distance, seul le phare puissant du deux-roues serait visible.

On doit à deux modes de détection indirecte la découverte de la plupart des planètes extrasolaires. Le premier, dit « de la vitesse radiale », qu'exploitent notamment Michel Mayor et son équipe, est particulièrement sophistiqué. Il part du principe que si une étoile est dotée d'au moins un compagnon, la présence de celui-ci va l'obliger à tourner autour du centre de gravité du système. Notre Soleil n'échappe pas à cette règle et n'est pas immobile au centre du système solaire. Le problème est qu'il est, là encore, très difficile d'observer cette infime rotation en observant simplement l'étoile au télescope.

Pour surmonter cet obstacle, les astronomes se sont servis de l'effet Doppler-Fizeau. De quoi s'agit-il ? Lorsqu'une ambulance déclenche sa sirène, les piétons vers qui le véhicule s'avance entendent un son plus aigu que les ambulanciers. Dès que l'ambulance est passée et s'éloigne, le son de sa sirène est tout à coup plus grave. Dans le premier cas, la fréquence du son est décalée vers le haut du spectre tandis que dans le second cas, elle est décalée vers le bas. Cet effet bien connu avec les ondes sonores fonctionne de la même manière avec les ondes lumineuses. En tournant autour du centre de gravité du système qu'elle forme avec sa planète, l'étoile s'approche très légèrement de la Terre puis s'en éloigne, comme l'enfant que vous regardez s'amuser sur un manège. Quand l'étoile vient vers nous, la lumière que nous en recevons est décalée vers le haut du spectre (vers la couleur bleue) et quand elle s'éloigne, elle est décalée vers le rouge. De ces minuscules changements, les astronomes peuvent déduire des informations sur l'orbite de la planète et avoir une indication de sa masse.

« Jupiter chaudes »

La seconde méthode de détection indirecte, dite « du transit », consiste à espérer que la planète passera entre son étoile et nous. Durant ce passage, la planète masquera une petite fraction de la surface de son soleil et, en mesurant la baisse de luminosité de l'étoile, les astronomes pourront en déduire le rayon de la planète. Le principal inconvénient de cette technique est qu'elle ne fonctionne que si la Terre, la planète et son étoile sont parfaitement alignées. Il faut donc une part de chance pour détecter une planète extrasolaire ainsi, ou bien multiplier les observations pour augmenter la probabilité de réussite. C'est la stratégie retenue par deux télescopes spatiaux, COROT, développé par le Centre national d'études spatiales (CNES) et lancé en 2006, et Kepler, un instrument de la NASA parti dans l'espace en 2009.

La méthode de la vitesse radiale et celle du transit favorisent toutes les deux la détection d'exoplanètes massives et proches de leurs étoiles. C'est pour cette raison que les premières planètes extrasolaires découvertes ont été surnommées les « Jupiter chaudes » : « Jupiter » parce que cette planète géante, constituée d'un noyau de glaces et de roches entouré de couches d'hydrogène métallique, liquide et gazeux, est la plus grosse de notre système solaire ; « chaudes » parce que naviguant très près de leur soleil, ces astres ont forcément une température de surface très élevée. Pour reprendre le cas du compagnon de 51 Peg, qui fait environ la moitié de la masse de Jupiter, il se situe à un peu moins de 8 millions de kilomètres de son étoile et en fait le tour en quatre jours seulement. On estime qu'à sa surface il ne fait pas moins de 1 000 °C... À titre de comparaison, Mercure, la planète la plus proche du Soleil, en est éloignée de 58 millions de kilomètres, et sa révolution dure 88 jours.

Migrations planétaires

La découverte d'une Jupiter chaude fut une surprise énorme pour les planétologues. En effet, se basant sur notre système solaire (le seul qu'ils connaissaient à l'époque) où les petites planètes rocheuses – Mercure, Vénus, la Terre et Mars – sont proches de notre astre du jour et les grosses planètes gazeuses – Jupiter, Saturne, Uranus et Neptune – en sont éloignées, ils ne s'imaginaient pas trouver de géante à proximité immédiate d'une étoile. Ils se sont aussitôt demandé comment elle avait pu arriver là. En effet, les modèles prévoient que, juste après la naissance de l'étoile, les planètes géantes ne puissent se former qu'à bonne distance du feu stellaire en tirant leurs matériaux du disque de poussières et de gaz qui entoure l'étoile. Pour aboutir au voisinage de leur soleil, elles ont donc dû migrer et parcourir des centaines de millions de kilomètres. Comment ?

Le scénario le plus largement développé fait intervenir des interactions complexes avec le reste du disque de gaz et de poussières, interactions qui « poussent » la jeune planète vers le centre du système solaire. Il se peut d'ailleurs que certaines n'arrivent pas à s'arrêter dans leur voyage et se précipitent tout droit dans la fournaise de leur étoile... Un autre scénario explique la migration de la planète par l'interaction gravitationnelle avec d'autres planètes géantes en une sorte de grand jeu de billard cosmique.

Les super-Terres

Avec l'amélioration constante des techniques de détection, les astronomes repèrent des planètes de plus en plus nombreuses, mais aussi de plus en plus petites et de plus en plus éloignées de leurs étoiles. On est même parvenu à voir directement quelques exoplanètes. Après être parti des Jupiter chaudes, on arrive ainsi aux super-Terres, des planètes rocheuses un peu plus grosses que la nôtre. Un des meilleurs exemples est sans doute celui de la troisième des quatre (voire six) planètes en orbite autour de Gliese 581, une étoile située à 20 années-lumière de nous dans la constellation de la Balance. La masse de cette planète est cinq fois plus élevée que celle de la Terre. D'autres, plus légères qu'elle, ont déjà été trouvées mais celle-ci se révèle particulièrement intéressante par sa position dans son système solaire.

Située à 11 millions de kilomètres de son étoile, elle en fait le tour en seulement 13 jours. Ces chiffres pourraient laisser croire que cette planète est un enfer brûlant mais il se trouve que Gliese 581 est différente de notre Soleil. Il s'agit d'une naine rouge, une étoile beaucoup moins massive et beaucoup moins chaude. Par conséquent, sa troisième planète pourrait bien connaître des températures clémentes, disposer d'eau sous forme liquide à sa surface et, pourquoi pas, être susceptible d'accueillir une forme de vie... Il n'est pas non plus exclu qu'il s'agisse d'une planète-océan, entièrement recouverte d'eau.

Car dès qu'il s'agit de modéliser les propriétés que pourraient avoir les exoplanètes, les astronomes ont autant d'imagination que les scénaristes de *Star Wars* ou de *Star Trek*. Dans un article paru en 2007 dans *The Astrophysical Journal*, une équipe américaine a exploré les compositions possibles des planètes en fonction de leur masse et de leur rayon. Les résultats sont assez surprenants. Bien sûr, les planètes rocheuses arrivent en bonne place dans cette modélisation, mais on y trouve aussi des planètes contenant une large part de glace, des astres de carbone ainsi que... des planètes de fer.

À retenir

• La première planète tournant autour d'une étoile autre que notre Soleil a été détectée par une équipe suisse en 1995, une découverte confirmant les théories sur la pluralité des mondes émises par les philosophes depuis l'Antiquité.

• Pour trouver ces exoplanètes, les astronomes utilisent essentiellement des méthodes de détection indirecte, soit en mesurant le mouvement que les étoiles font sous l'influence de ces planètes, soit en guettant une légère diminution d'intensité de la lumière de ces étoiles lorsqu'une planète passe devant elle.

• Les chercheurs ont été surpris de découvrir des planètes géantes, analogues à notre Jupiter, à proximité immédiate de leurs étoiles, ce qui les a obligés à revoir leur scénario de formation des systèmes solaires.

• Après quinze années de chasse aux exoplanètes, les astronomes ont plusieurs centaines de découvertes à leur actif. Ils perfectionnent leurs techniques et détectent des objets de plus en plus petits et de plus en plus éloignés de leurs étoiles.

• Le but de ces recherches est de trouver des planètes analogues à la Terre et situées dans des zones propices à l'apparition de la vie.

De la vie dans le voisinage ?

Dans la recherche d'organismes vivants sur d'autres astres du système solaire, Mars a longtemps fait figure de candidate préférée des chercheurs. Mais, depuis quelques années, des satellites de Jupiter et de Saturne comme Europe, Encelade ou Titan, tentent de lui voler la vedette.

Le paradis est-il sur Terre et l'enfer partout ailleurs ? La douceur de vivre ici et des néants glacés ou brûlants là-bas ? À observer rapidement le système solaire, on pourrait croire en effet que seule notre planète présente les conditions propices au développement de la vie : bien placée dans le cortège planétaire, ni trop près ni trop loin du Soleil ; dotée d'eau liquide en abondance à sa surface ; entourée d'une atmosphère confortable avec une couche d'ozone protégeant les espèces vivantes des ultraviolets ; possédant un champ magnétique assez fort pour dévier les très énergétiques particules chargées qui traversent l'espace en provenance du Soleil ou du cosmos et enfin doublée d'une Lune qui assure la stabilité de son axe de rotation. Aucun autre astre du système solaire n'a été aussi « gâté ». Pourtant, les astronomes, qui n'ont pour le moment trouvé de manière certaine aucun organisme vivant ailleurs que sur Terre, ne baissent pas les bras et ont identifié dans notre voisinage quelques niches où des formes de vie rudimentaires pourraient se cacher.

Mercure et Vénus, dont les températures dépassent les 400 °C, ont été éliminées même si certains chercheurs se demandent si des microbes ne pourraient pas exister dans les nuages de la haute atmosphère vénusienne : la température n'y est plus que de quelques dizaines de degrés Celsius et la pression comparable à celle de la surface de la Terre… Quoi qu'il en soit, Vénus est loin d'être la favorite dans la quête d'organismes vivants. Car qui dit « vie extraterrestre » dit plutôt « Martiens ». Dès que leurs instruments furent d'assez bonne qualité pour observer la planète rouge, les astronomes du XIXe siècle constatèrent en effet qu'elle présentait un certain nombre d'analogies avec sa grande cousine terrestre : une durée du jour à peu près équivalente, des calottes polaires variant d'apparence au fil des saisons et des taches sombres qui évoquaient des océans.

Les canaux de Mars

En poussant leurs instruments à leur limite, certains savants crurent même distinguer un réseau de canaux sur cette planète. Comme à la même époque sur Terre on creusait le canal de Suez, il fut normal d'en déduire qu'une civilisation technologique avancée existait sur Mars. Au début du XXe siècle, il fut démontré que les canaux n'étaient rien d'autre qu'une illusion d'optique, mais entre-temps Herbert George Wells avait popularisé l'idée des Martiens avec sa célèbre *Guerre des mondes*. Celle-ci n'eut jamais lieu et si des vaisseaux spatiaux s'élancèrent d'une planète vers l'autre, ce ne fut pas dans le sens prédit par le roman de science-fiction. C'est la sonde américaine Mariner 4 qui, dans les années 1960, envoya les premières images et mesures de la surface de Mars. On savait déjà depuis plusieurs décennies, grâce à la technique de la spectroscopie, que l'atmosphère martienne ne contenait ni eau ni oxygène, mais les images de Mariner 4 déçurent profondément ceux qui croyaient tout de même que la planète rouge hébergeait une civilisation. Pas de fleuves ni d'océans, encore moins de végétation ou de villes. Une atmosphère ténue, pas de champ magnétique protecteur, une surface désertique et froide grêlée d'impacts de météorites... Mars avait peut-être offert des conditions propices à la vie au début de son histoire, et notamment de l'eau dont subsistaient des traces anciennes d'écoulement, mais tout cela avait disparu depuis quelques milliards d'années.

Une curieuse météorite

Il fallut donc revoir le portrait du Martien. S'il existait, ce ne pouvait être que sous la forme d'un micro-organisme enfoui dans le sol ou le sous-sol. C'est pour cette raison que la NASA conçut plusieurs atterrisseurs et rovers destinés à analyser et à explorer le sol de la planète rouge. Les premiers d'entre eux furent les deux sondes Viking qui se posèrent au cours de l'été 1976. Elles ne détectèrent pas de traces de vie, mais un résultat ambigu, jamais confirmé depuis, fit garder espoir aux partisans des Martiens.

De la même manière, l'analyse de la météorite martienne ALH 84001, découverte en Antarctique, a ouvert une grande controverse dans le monde scientifique en raison des minuscules structures qui y ont été décelées au microscope à balayage électronique. En 1996, la NASA eut tôt fait de claironner qu'il s'agissait de la preuve que la vie avait bien existé sur Mars en des temps anciens. Le président américain Bill Clinton prit même la peine de faire un communiqué télédiffusé à ce sujet. Le débat reste aujourd'hui ouvert pour savoir s'il s'agit d'un fossile de microbe martien, d'un minerai qui s'est formé sur Mars sans action de la vie ou bien, plus simplement, d'une contamination terrestre... D'autres missions robotisées sont donc envisagées pour essayer de trancher la question d'une vie martienne. La plus prometteuse, et aussi la plus compliquée, Mars Sample Return, consisterait, d'ici une dizaine d'années, à aller chercher des échantillons de roches et de poussières martiennes afin de les analyser sur Terre.

L'océan caché d'Europe

Si l'on s'enfonce dans le système solaire, après Mars, il n'existe plus de planètes rocheuses. Est-ce à dire que la quête de la vie s'arrête là, étant donné que les planètes gazeuses gelées sont a priori inaptes à accueillir le vivant ? Non, car des géantes comme Jupiter et Saturne possèdent de gros satellites dotés d'étonnantes caractéristiques qui titillent les exobiologistes, ces chercheurs qui travaillent sur des hypothèses de vie extraterrestre. Après le survol de Jupiter par les sondes Voyager en 1979, l'attention des astronomes a été attirée par Europe, un des quatre satellites découverts par Galilée en 1610. Légèrement plus petit que la Lune, Europe présente un visage surprenant : une grosse boule de glace striée de sillons et de crevasses. Ce paysage sans cesse remodelé a intrigué les chercheurs, lesquels envisagent que, comme au pôle Nord sur Terre, la glace recouvre un océan. Toutefois, à la différence de ce que l'on trouve dans l'Arctique, la banquise d'Europe ne mesurerait pas 2 ou 3 m d'épaisseur, mais, en raison des températures très basses qui règnent au niveau de Jupiter, ce pack de glace serait épais de 10 à 30 km. En dessous, l'océan présumé ferait plusieurs dizaines de kilomètres de profondeur.

Étant donné que, sur Terre, des écosystèmes riches sont parvenus à s'implanter au fond des océans, sur les zones frontières des plaques tectoniques, les exobiologistes se demandent si des communautés vivantes n'ont pas suivi le même chemin sur Europe. Pour le savoir, plusieurs missions ont été imaginées, dont aucune n'a pour le moment été validée. La plus ambitieuse, proposée il y a une dizaine d'années, envisageait d'envoyer un robot sur Europe, qui, en dégageant de la chaleur, se serait enfoncé dans la croûte de glace. Une fois arrivé à l'eau, cet engin aurait largué un petit véhicule sous-marin qui aurait exploré l'océan…

Lacs d'hydrocarbures sur Titan

Deux des satellites de Saturne intéressent aussi les chercheurs. Le premier, Encelade, ressemble à Europe, à ceci près que la croûte de glace serait plus fine, au point que des geysers jailliraient de certaines fractures situées près du pôle Sud de ce satellite. Le débat a fait rage parmi les chercheurs pour déterminer la composition de ces geysers : s'agissait-il d'eau liquide, de particules de glace ou d'autre chose encore ? Après plusieurs années d'analyses et de calculs à partir des données fournies par la sonde Cassini, il semble que l'hypothèse de l'eau liquide et salée rassemble la majorité des suffrages dans la communauté scientifique. Ce qui fait dire à certains qu'Encelade est le meilleur candidat pour la recherche d'une autre forme de vie dans le système solaire et qu'il faut concevoir une mission spatiale pour s'en assurer.

Le second satellite de Saturne qui passionne les astronomes est Titan. En raison de la grande distance qui le sépare du Soleil, cet astre est extrêmement froid, mais cela ne l'empêche pas d'avoir du liquide à sa surface. Simplement, il ne s'agit pas d'eau mais de lacs d'hydrocarbures : du méthane et de l'éthane liquides. Titan est aussi doté d'une atmosphère riche en composés organiques (c'est-à-dire en molécules comprenant du carbone) et certains chercheurs estiment qu'elle se rapproche de l'atmosphère de la Terre primitive, si l'on excepte l'absence de vapeur d'eau.

Un scénario a été échafaudé afin de voir si des êtres vivants pourraient prospérer dans les lacs de Titan, en se basant non pas sur l'oxygène mais sur l'hydrogène. Sur Terre, certaines bactéries réussissent en effet cet exploit et fabriquent du méthane à partir d'hydrogène et de dioxyde de carbone. En 2010, deux études ont noté que, près de la surface de Titan, l'hydrogène, très présent dans la haute atmosphère du satellite, semblait disparaître, comme absorbé par un phénomène inconnu. De là à croire qu'il est consommé par une forme de vie primitive, il y a un grand pas, car d'autres hypothèses chimiques ou météorologiques pourraient expliquer ce déficit en hydrogène.
La seule assurance que la science ait pu se forger au sujet de la vie dans le système solaire, c'est que, hormis la Terre, aucun astre n'abrite d'êtres « intelligents » et technologiquement avancés. Si ceux-ci existent ailleurs dans l'Univers, il faudra les chercher sur les planètes extrasolaires.

À retenir

• En raison de sa position par rapport au Soleil, la Terre est un astre privilégié pour accueillir la vie. Cela n'a pas empêché les chercheurs, depuis le XIXe siècle, de tenter de détecter les traces d'êtres vivants sur d'autres astres du système solaire. En vain pour le moment.

• Dans cette quête de la vie, les astronomes se sont depuis longtemps focalisés sur Mars, qui a connu dans un passé reculé des conditions plus hospitalières qu'aujourd'hui avec la présence de grandes quantités d'eau à sa surface.

• Même si quelques « alertes » à la vie martienne ont été lancées, personne n'a pu apporter la preuve formelle que des micro-organismes existaient ou avaient existé sur Mars.

• Après le passage des sondes Voyager près de Jupiter et de Saturne entre 1979 et 1981, les chercheurs ont commencé à s'intéresser aux satellites de ces planètes gazeuses.

• Ainsi Europe, satellite de Jupiter, pourrait cacher un océan sous sa croûte glacée, tout comme Encelade qui tourne autour de Saturne. Enfin, Titan, autre satellite de Saturne, qui possède des lacs d'hydrocarbures, pourrait être propice à une vie basée sur une chimie différente de la nôtre.

Cinq questions cosmologiques

Où est passée l'antimatière ?

Au moment du big bang se sont créées autant de particules de matière que de particules d'antimatière. Une partie des premières est restée et forme la matière du cosmos, tandis que les autres semblent s'être toutes annihilées. Les cosmologistes enquêtent sur cette disparition mystérieuse.

En 1928, le physicien et mathématicien britannique Paul Dirac n'a que 26 ans. Ce garçon brillant met au point cette année-là une équation qui décrit le comportement de certaines particules élémentaires comme les électrons et qui lui vaut le prix Nobel de physique en 1933. Il faut un peu de temps à Paul Dirac pour s'en apercevoir, mais sa formule admet des solutions qui vont contre le sens commun et contre la physique traditionnelle. En effet, en plus de l'électron « classique », elle prévoit un électron doté d'une charge électrique opposée, un « antiélectron » en quelque sorte. Plus généralement, chaque particule élémentaire dotée d'une charge électrique doit avoir son double, son antiparticule, qui lui ressemble en tout point si ce n'est que sa charge est inversée. Les particules neutres sont leur propre antiparticule. L'antimatière fait donc son entrée dans la science par la porte de la théorie. Mais l'observation des premières antiparticules ne va pas se faire attendre longtemps. En 1932, le physicien américain Carl Anderson, qui étudie les rayons cosmiques des particules à très haute énergie circulant dans le vide interstellaire, détecte les traces de particules étranges, ayant la même masse que des électrons, mais une charge opposée. Ce sont les antiélectrons prédits par Paul Dirac, qui seront rebaptisés « positons », car ils sont porteurs d'une charge électrique positive, contrairement à l'électron qui a une charge négative. Anderson reçoit à son tour le prix Nobel de physique en 1936. Les autres composants de l'atome, qui sont les neutrons et les protons, sont en réalité l'agrégation de trois particules encore plus petites : les quarks. Mais comme les antiquarks existent, en s'agglutinant ils forment des antiprotons et des antineutrons. Ceux-ci ont été découverts respectivement en 1955 et 1956, des trouvailles qui valurent à chaque fois un prix Nobel de physique à leurs auteurs.

Un milliardième en plus

Dans notre Univers, l'antimatière est une denrée extrêmement rare, ce qui pose un problème de taille aux cosmologistes. En effet, ces chercheurs partent du principe qu'il y a 13,7 milliards d'années, juste après le big bang, l'Univers naissant ressemblait à un grand bain très chaud comptant autant de particules de matière que de particules d'antimatière. Or, lorsque les deux se rencontrent, elles ne se supportent pas, s'annihilent et, en application de l'équation célèbre $E=mc^2$, se transforment en énergie. Un quart de gramme d'antimatière équivaut à la bombe atomique d'Hiroshima... Par conséquent, peu après le big bang, toute la matière aurait dû disparaître au contact de l'antimatière, ce qui aurait laissé un cosmos plein d'énergie et de lumière, mais dénué d'éléments chimiques, de galaxies, d'étoiles et de planètes. Or ce n'est pas le cas. Les astrophysiciens ont calculé qu'il était resté

un « excédent » minime de matière, un milliardième de plus. Pourquoi ? La question est une des plus importantes de la cosmologie et deux réponses sont possibles.
Préférée des physiciens, la première réponse consiste à dire que la symétrie initiale, l'équilibre parfait entre matière et antimatière, s'est brisée peu de temps après le big bang. D'autres brisures de symétrie ont été prouvées en physique, mais pas celle-là. Pour savoir ce qu'il en est vraiment, il n'existe qu'une seule méthode : comparer matière et antimatière pour déceler une différence entre ces jumelles. Tout le problème est que, dans nos laboratoires terrestres faits de matière, les chances de survie d'une antiparticule sont nulles puisqu'elle croisera toujours sur sa route de la matière contre laquelle se détruire : air, parois ou expérimentateur... De plus, pour étudier l'antimatière, les chercheurs n'ont pas uniquement besoin de positons ou d'antiprotons qu'ils créent dans des accélérateurs de particules. Il leur faut également des éléments plus lourds et plus complexes : des antiatomes. Et, s'ils savent en fabriquer depuis 1995, il est plus compliqué de les garder.

Un zeste d'antihydrogène

Si l'on en croit *Physics World*, le magazine de l'Institute of Physics de Londres, la percée en physique la plus importante de l'année 2010 a été la capture d'atomes d'antihydrogène lors de deux expériences du CERN (l'Organisation européenne pour la recherche nucléaire, située en Suisse) réalisées par les équipes Alpha et Asacusa. Au terme de quinze ans d'efforts, elles sont parvenues à piéger un court instant des atomes d'antihydrogène. Tout comme l'hydrogène est le plus simple des atomes de la matière, composé d'un électron et d'un proton, l'antihydrogène est le plus simple des atomes de l'antimatière, composé d'un antiproton et d'un positon. En 2010, l'équipe Alpha a ainsi pu capturer magnétiquement 38 atomes d'antihydrogène durant une fraction de seconde. En 2011, le temps de piégeage a été porté à un millier de secondes, ce qui est nettement plus confortable pour analyser cet antihydrogène.

Il s'agira d'études de haute précision, qui seront elles aussi des premières mondiales. Ayant maintenant des atomes d'antihydrogène sous la main, les physiciens vont pouvoir sonder leurs entrailles, observer le comportement du couple antiproton-positon et voir s'il se comporte exactement comme le couple proton-électron de l'atome d'hydrogène et donc savoir si l'antimatière est, ou non, la parfaite jumelle de la matière. Au cas où une différence aussi faible qu'un milliardième de milliardième entre les deux serait mesurée, cela expliquerait sans doute pourquoi la nature a accordé sa préférence à la matière, pourquoi la symétrie initiale a été brisée. Si, en revanche, les scientifiques ne trouvent rien, si l'antihydrogène est l'« anticopie » parfaite de l'hydrogène, ils devront se tourner vers une autre explication pour comprendre où est passée l'antimatière des origines.

Un Univers cloisonné ?

Selon la deuxième hypothèse, l'Univers aurait conservé sa symétrie et l'antimatière n'aurait en réalité jamais été annihilée. Comme l'ont expliqué deux astrophysiciens français, Aurélien Barrau et Laurent Derome, dans un article paru dans *La Recherche* de mars 2011 : « *Il n'est pas totalement exclu que l'Univers soit scindé en vastes domaines : les uns de matière et les autres d'antimatière. Ces derniers seraient alors composés d'antigalaxies, dotées d'antiétoiles abritant leurs antiplanètes, voire leurs antiastrophysiciens ! L'Univers se serait donc cloisonné en zones de matière et d'antimatière.* » Cette théorie présente tout de même un inconvénient important. À moins d'être séparés physiquement par de très grands espaces entièrement vides, ces domaines devraient de temps en temps se frotter les uns aux autres à leurs frontières. L'annihilation matière-antimatière qui en résulterait se traduirait par l'apparition de rayons gamma très énergétiques... Or rien de tout cela n'est détecté par les astrophysiciens. Aucun signe de ces « explosions » dans le cosmos lointain et encore moins dans notre environnement proche, ce qui est normal puisque notre système solaire, notre galaxie et ses voisines sont forcément tous faits de la même « étoffe ». Quoi qu'il en soit, il existe une autre manière de valider l'hypothèse de régions peuplées de galaxies faites d'antimatière. Si celles-ci existent, certaines de leurs antiétoiles, en mourant, fabriquent des atomes d'anticarbone qu'aucun autre mécanisme cosmique n'est en mesure de synthétiser. Il suffirait donc de détecter un seul de ces antiatomes pour avoir la confirmation que les antiétoiles existent.

Tomber vers le haut

C'est un des buts de l'expérience AMS (Alpha Magnetic Spectrometer) que la NASA a mise en œuvre au printemps 2011 sur un des bras de la Station spatiale internationale. Fruit d'une collaboration internationale à laquelle plusieurs centaines de chercheurs ont participé, cet instrument est capable de détecter un noyau d'antiatome au milieu d'un milliard de particules du rayonnement cosmique « normal ». Pour y parvenir, le module expérimental AMS combine deux stratégies : une grande surface collectrice, car les particules d'antimatière sont rarissimes et il faut donc se doter d'un grand « filet » pour avoir une chance d'en attraper quelques-unes pendant la dizaine d'années que durera l'expérience ; et un grand nombre de détecteurs qui multiplieront les mesures. Rien ne dit que l'engin capturera le fameux antiatome de carbone, mais, en attendant, il permettra aux astrophysiciens d'analyser en détail les rayons cosmiques.

Le mystère de l'antimatière manquante n'est donc pas encore résolu, mais plusieurs expérimentations devraient permettre de faire le tri dans les théories… ou bien de révolutionner la physique. En effet, une des caractéristiques inconnues de l'antimatière, qui pourrait avoir des répercussions sur la manière dont les cosmologistes se représentent l'Univers, est son comportement dans un champ de gravité. On peut résumer la chose de la manière suivante : si, par extraordinaire, un pommier fait d'antimatière poussait sur notre planète, que feraient ses fruits en se détachant une fois mûrs ? Tomberaient-ils vers le bas, comme n'importe quelle matière, ou bien vers le haut, comme si leur masse était négative ? Pour le savoir, deux expériences ont été proposées au CERN, un des seuls endroits au monde où l'on fabrique de l'antihydrogène. Les premiers résultats pourraient arriver à partir de 2015.

À retenir

• À chaque particule élémentaire correspond une antiparticule de même masse mais de charge électrique opposée : l'électron, dont la charge est négative, a un alter ego, le positon, dont la charge est positive.

• Un des plus grands mystères de la physique est le suivant : au moment du big bang, les particules de matière et d'antimatière ont été créées en quantités égales. Pourtant, dans l'Univers que nous observons aujourd'hui, l'antimatière est absente.

• Le scénario que les cosmologistes préfèrent pour expliquer cette disparition est celui d'une rupture de symétrie : peu après le big bang, matière et antimatière se sont annihilés mutuellement à l'exception d'un infime surplus de matière qui, pour une raison inconnue, a subsisté.

• Pour prouver cette dissymétrie, les physiciens ont appris à recréer en laboratoire des atomes d'antihydrogène. Au cours des années à venir, ils vont les analyser très finement pour tâcher de déceler des différences avec les atomes d'hydrogène.

• Une autre hypothèse expliquant l'absence de l'antimatière est que celle-ci est confinée dans des régions de l'espace bien séparées de celles où règne la matière.

Il manque 95 % du cosmos

Les cosmologistes en sont persuadés depuis une douzaine d'années : la matière ordinaire représente un peu moins de 5 % de l'Univers. Le reste est composé de matière sombre, dont la nature est toujours l'objet de spéculations, et surtout d'une énergie qualifiée de « noire », plus mystérieuse encore.

À qui voudrait créer un Univers, on pourrait donner la recette suivante : prenez de l'énergie et de la matière, mélangez avec les forces de la nature, ayez du temps, et l'espace viendra tout seul. Le travail des astrophysiciens, et notamment des cosmologistes, consiste à quantifier chacun de ces ingrédients. Aussi étonnant que cela puisse paraître, malgré les avancées de la science, il reste encore beaucoup d'inconnues dans la recette. Certes, on sait comment fonctionnent les quatre forces qui commandent à la matière (force gravitationnelle, force électromagnétique et forces nucléaires forte et faible). On a également pu déterminer que le cosmos était âgé de 13,7 milliards d'années et calculer à quels moments les grands événements de sa « carrière » s'étaient produits. Mais pour le reste, les chercheurs baignent encore dans un grand flou. On ignore par exemple quelle taille fait l'Univers et s'il est fini ou infini.

Il y a plus étonnant encore et cela concerne son contenu. Nos corps, ce qui nous entoure, le papier sur lequel ces lignes sont imprimées, tout cela est fait d'atomes qui sont un assemblage d'électrons tournant autour de noyaux composés de protons et de neutrons (à l'exception de l'hydrogène qui n'a qu'un proton et un électron), eux-mêmes composés de particules élémentaires plus petites appelées « quarks ». Cette composition et ce mode de construction régissent la matière que nous connaissons sur Terre, les 94 éléments chimiques présents dans la nature, de l'hydrogène au plutonium. Cette matière dont notre planète et les étoiles sont faites est appelée « matière baryonique » par les astronomes, car protons et neutrons entrent dans la catégorie des baryons. Nous la trouvons banale, mais cette matière est une exception puisqu'elle représente moins de 5 % du contenu de l'Univers ! De quoi est fait le reste ? Nous n'en savons quasiment rien si ce n'est qu'il existe. Il manque à la science 95 % du cosmos...

Matière sombre

Comment a-t-on déterminé cela ? En mesurant précisément les infimes fluctuations du rayonnement fossile, le satellite COBE puis son successeur WMAP ont permis aux chercheurs de calculer la densité et le contenu de l'Univers. La matière baryonique représente seulement 5 % du total. 23 % sont dus à une matière d'un autre genre appelée « matière sombre », qualificatif employé à la fois pour souligner son caractère mystérieux et pour faire comprendre qu'elle est invisible. Quant aux 72 % restants, ils ne sont pas faits de matière mais d'énergie, une énergie dite « noire » qui présente la particularité d'accélérer l'expansion de l'Univers en ayant une action opposée à celle de la gravitation.

Même si matière sombre et énergie noire gardent pour le moment leurs secrets, les chercheurs ont déjà émis plusieurs hypothèses sur ce qu'elles pourraient être. Commençons par la matière sombre, lièvre soulevé dès les années 1930 par l'astronome suisse Fred Zwicky qui, en étudiant un petit amas de galaxies, s'aperçut que la masse que l'on pouvait déduire de leur mouvement était beaucoup plus importante que celle que l'on pouvait calculer à partir de la lumière reçue. Cela veut simplement dire qu'une énorme quantité de matière n'était pas visible. Quelques décennies plus tard, les astrophysiciens commencèrent à s'interroger sérieusement sur ce mystère de la masse manquante et conclurent qu'une part importante de la matière qu'ils « pesaient » à distance sans la voir se trouvait non pas dans le disque galactique, mais dans le halo l'entourant.

Le candidat neutrino

Mais quelle pouvait bien être la nature de cette matière sombre ? Les premiers suspects furent ces astres qui émettent peu de lumière ou pas de lumière du tout : les naines brunes, qui sont des étoiles avortées, trop petites pour déclencher en leur sein le feu thermonucléaire ; les naines blanches, qui sont des cadavres d'étoiles en train de se refroidir tout doucement ; les étoiles à neutrons, autres restants d'étoiles, à la fois très petits (une dizaine de kilomètres de diamètre), très concentrés et très difficiles à repérer et enfin les trous noirs qui, par définition, regroupent et absorbent de grandes quantités de matière sans émettre directement la moindre lumière.

Toutes ces pistes furent explorées à l'aide de nombreuses expériences. Et toutes furent abandonnées, car, même mises bout à bout, ces populations d'astres sont loin de représenter toute la masse manquante.

Celle-ci n'étant pas comblée par de la matière ordinaire, les chercheurs se sont tournés vers de la matière plus « exotique ». Premier candidat : le neutrino, une particule de la même famille que celle de l'électron. Mais, contrairement à ce dernier, le neutrino n'a pas de charge électrique et n'interagit pour ainsi dire pas avec la matière. Pendant longtemps, on a d'ailleurs cru que, comme les photons qui sont les particules de lumière, les neutrinos n'avaient pas de masse. Ce point de vue a changé à la fin des années 1990, mais cela n'a pas aidé les cosmologistes pour autant, car la masse de ces particules est si faible que, malgré leur très grand nombre, elles sont très loin de représenter une portion significative de la matière sombre.

Le neutrino écarté, ne restait plus que… la science-fiction ou, pour être plus précis, la spéculation. Certains chercheurs ont en effet calculé que l'Univers pourrait avoir créé, peu après le big bang, de la matière non baryonique sous la forme de particules massives incapables d'interagir avec la matière « classique ». Étant donné que toutes les expériences censées la détecter ont échoué pour l'instant, la meilleure manière de prouver son existence serait donc d'en recréer dans un très puissant accélérateur de particules comme le LHC de l'Organisation européenne pour la recherche nucléaire. Affaire à suivre au cours des prochains mois ou des prochaines années.

La bêtise d'Einstein

Pour ce qui est de l'énergie noire, le travail des chercheurs n'est pas plus facile. Ils ont commencé à en soupçonner l'existence dans les années 1980, mais il a fallu attendre 1998 pour avoir la certitude qu'elle était bel et bien à l'œuvre. Cette année-là, deux équipes distinctes d'astrophysiciens étudiant des explosions très particulières d'étoiles, qui leur servent en quelque sorte de repères lumineux, se sont aperçues que les galaxies les abritant s'éloignaient de nous plus vite que prévu. Seule cause possible : l'expansion de l'Univers est en train de s'accélérer depuis 6 à 7 milliards d'années sous l'effet de cette mystérieuse énergie noire qui exerce une sorte de pression négative sur les galaxies. Au lieu de s'attirer, elles « s'enfuient » comme si elles se repoussaient. En réalité, les galaxies ne se sauvent pas au triple galop : c'est le substrat de l'espace dans lequel elles sont inscrites qui se dilate de plus en plus vite. De même, si on coud des boutons sur une toile élastique et que l'on tend cette dernière, les boutons vont s'écarter les uns des autres sans pour autant qu'on les ait poussés.

Comme pour la matière sombre, l'énergie noire est un casse-tête et un défi pour les astrophysiciens. Pour l'occasion, ils ont ressuscité la « constante cosmologique » d'Albert Einstein. Ce dernier s'était aperçu que sa théorie de la relativité générale ne pouvait décrire qu'un cosmos en mouvement : soit en expansion, soit en contraction. Partisan d'un Univers statique, comme beaucoup de scientifiques à l'époque, le grand savant avait ajouté en 1917 un paramètre pour « équilibrer » ses équations, la constante cosmologique. Après la découverte, en 1929, du fait que l'Univers était vraiment en expansion grâce à l'observation des galaxies par Edwin Hubble, Einstein abandonna son idée qu'il qualifia de « plus grande bêtise de sa vie ». Trois quarts de siècle plus tard, la constante cosmologique fait son grand retour pour modéliser l'énergie noire. On peut la comprendre comme une sorte de capacité intrinsèque de l'espace à se dilater.

L'énergie du vide ?

Mais quel phénomène physique se cache derrière tout cela ? Certains chercheurs ont évoqué... l'énergie du vide. Contrairement à ce que le mot laisse entendre, même dépourvu de matière, le vide n'est jamais entièrement vide. À tout moment, il contient une énergie non nulle qui peut provoquer l'apparition temporaire de particules, lesquelles « empruntent » de l'énergie au vide avant de la lui « rembourser » en disparaissant. Il a été prouvé que ces particules «virtuelles» pouvaient avoir des effets bien réels en faisant pression sur des plaques de métal placées dans des conditions particulières. L'énergie du vide, qui fonctionne dans le monde de l'infiniment petit, ferait un bon candidat s'il était possible de la transposer dans le monde de l'infiniment grand. Or, comme le montre Jean-Pierre Luminet dans Le Destin de l'Univers, « le calcul aboutit à une valeur faramineuse » de l'énergie du vide, « totalement incompatible avec les limites prescrites par l'observation astronomique ». Si l'énergie du vide était aussi grande que cela, explique le cosmologiste français, « toute la matière de l'Univers serait instantanément dispersée, et les galaxies ne se seraient jamais formées » !

D'autres hypothèses évoquent donc, pour expliquer la nature de l'énergie noire, une mystérieuse quintessence représentée par des particules inconnues encore à découvrir. Comme une manière d'avouer que la cosmologie, pour l'heure, tâtonne dans le noir…

À retenir

• La matière ordinaire, dont nous sommes faits (protons, neutrons et électrons) et qui compose aussi les grandes structures célestes (planètes, étoiles), est en réalité très minoritaire dans l'Univers.

• Cette matière dite « baryonique » vaut pour un peu moins de 5 % du contenu du cosmos. Les autres ingrédients sont la matière sombre (23 %) et une mystérieuse énergie noire (72 %), qui présente la particularité d'accélérer l'expansion de l'Univers.

• Les astronomes sont à la recherche de la masse manquante de l'Univers depuis les années 1930, époque où l'on s'est aperçu pour la première fois que les galaxies étaient beaucoup plus massives que ce que leur lumière pouvait laisser penser. La matière sombre y est largement supérieure en masse par rapport à celle qui rayonne.

• Les cosmologistes pensent que la matière sombre pourrait être constituée de particules massives créées peu après le big bang et n'interagissant pas avec la matière ordinaire.

• Quant à l'énergie noire, qui semble intrinsèque de l'espace, on ignore également tout de sa vraie nature dont la découverte représente un des enjeux majeurs de la cosmologie du XXIe siècle.

Seuls dans l'Univers ?

Avec la découverte, en 1995, de planètes situées hors de notre système solaire, la quête d'une vie extraterrestre, initiée il y a 50 ans, connaît un regain d'intérêt. Certains astronomes écoutent le ciel en espérant capter des signaux artificiels, d'autres envoient des messages vers le cosmos.

Depuis la découverte, en 1995, par les Suisses Michel Mayor et Didier Queloz, de la première planète située hors de notre système solaire, le catalogue de ces exoplanètes s'enrichit à un rythme de plus en plus rapide. Plusieurs centaines sont aujourd'hui répertoriées et, avec la multiplication des programmes et des outils dans ce domaine de l'astronomie, ce sont sans doute plusieurs milliers d'astres qui seront identifiés d'ici quelques années.

Dans le lot se trouveront forcément des planètes analogues à la Terre : des corps de taille modeste, faits de roches et suffisamment éloignés de leur soleil pour qu'à la surface de ces planètes la température soit clémente et que l'eau soit présente sous forme liquide et non sous forme de vapeur ou de glace. Pour quelle raison ? Parce que les biologistes estiment qu'il s'agit là des conditions nécessaires à l'apparition de la vie et, éventuellement, d'une civilisation. Car le but ultime et sous-entendu de ces recherches est de répondre à l'une des plus vieilles questions que l'humanité se pose : Sommes-nous seuls dans l'Univers ?

L'équation de Drake

Pour répondre à cette question, les scientifiques devront franchir un certain nombre d'étapes, la détection d'exoplanètes n'étant que la première d'entre elles. Cette course d'obstacles est résumée dans une équation simple que l'astronome américain Frank Drake a mise au point en 1961 et que voici : N = N* × fp × ne × fl × fi × fc × L. N représente le nombre de planètes comportant une civilisation susceptible de communiquer avec nous. Ce nombre est le produit de sept facteurs : N*, le nombre d'étoiles dans notre galaxie ; fp, la fraction de ces étoiles qui sont entourées de planètes ; ne, le nombre moyen de planètes, dans chaque système solaire, capables d'accueillir la vie ; fl, la fraction de ces planètes où la vie existe vraiment ; fi, la fraction de ces planètes où se trouve une vie dite « intelligente » ; fc, la fraction de ces planètes dont les habitants sont capables et désireux de communiquer avec d'autres planètes ; L, la fraction de ces civilisations dont la durée de vie et d'émission correspond à l'époque à laquelle nous les écoutons. Car pour communiquer, il faut être synchrone : la poste ne peut pas mettre deux siècles à vous acheminer une lettre.

Toute la difficulté de cette équation consiste à attribuer des valeurs à ces paramètres. En effet, la science n'a de réponse précise pour aucun d'entre eux. Cela explique pourquoi certains surnomment l'équation de Drake la « paramétrisation de l'ignorance ». Néanmoins, les astronomes ont quelques idées pour remplir certains blancs. Ainsi, le nombre total d'étoiles dans notre galaxie est compris, selon les estimations, entre 200 et 400 milliards. En ce qui concerne le facteur suivant, la moisson croissante de planètes extrasolaires laisse penser qu'un quart à la moitié des étoiles sont accompagnées. Pour les autres facteurs, les hypothèses et les modélisations prennent le pas sur les observations. Ainsi, le nombre de planètes capables, dans chaque système solaire, d'accueillir la vie pourrait être de 2 selon Frank Drake mais de l'ordre de 0,01 selon les résultats préliminaires du télescope spatial américain Kepler. Quant au pourcentage de ces planètes sur lesquelles la vie s'est effectivement développée, des chercheurs australiens ont affirmé que cette proportion dépassait 13 % dès lors que la planète était stable sur plus d'un milliard d'années.

L'hypothèse de la « Terre rare »

Quant à la fraction de ces planètes où une vie intelligente aurait pris place, Frank Drake l'a estimée à 1 %. Pourquoi pas ? Nous n'avons qu'un seul exemple connu, le nôtre, et il est bien difficile de généraliser. Il en est de même pour la fraction des planètes communicantes et la fraction des planètes technologiques dont les messages nous arriveraient aujourd'hui. Pour la première, Frank Drake a écrit 1 % et pour la seconde un millionième. Ce dernier chiffre sous-entend que les civilisations technologiques survivraient dix millénaires, ce qui est beaucoup... Suivant les données qu'ils entrent dans l'équation de Drake, les plus optimistes trouvent plusieurs milliers de planètes communicantes et les plus pessimistes une seule, la nôtre. Les premiers estiment que notre planète est banale, tout comme le sont l'apparition de la vie et son évolution vers une complexité croissante, tandis que les seconds, partisans de l'hypothèse de la « Terre rare », pensent que notre existence n'est due qu'à une succession de hasards qui a une probabilité quasiment nulle de se reproduire ailleurs.

Le programme SETI à l'écoute

Il y a ceux qui calculent, qui estiment, qui modélisent et il y a ceux qui agissent concrètement pour essayer de savoir si d'autres civilisations existent dans la Voie lactée. C'est le but du programme SETI, acronyme anglais signifiant « Recherche d'une intelligence extraterrestre ». À l'origine de ce programme on retrouve Frank Drake qui, en 1960, tourna le radiotélescope de Green Bank (États-Unis) vers deux étoiles proches de nous et semblables à notre Soleil : Tau Ceti et Epsilon Eridani. L'astronome avait réglé son instrument sur la fréquence de 1 420 mégahertz, très connue des physiciens car c'est celle sur laquelle émet naturellement l'atome d'hydrogène, l'élément le plus abondant de l'Univers. Les chercheurs estiment que si leurs homologues extraterrestres existent, ils connaîtront aussi cette donnée et émettront sur cette fréquence. Pendant 150 heures, Frank Drake « écouta » ces deux étoiles en espérant détecter un signal artificiel, mais en vain. Malgré ce premier échec, plusieurs initiatives du même genre ont suivi, dont la plus connue est celle du SETI Institute, une société américaine à but non lucratif fondée en 1984. Depuis les années 1960, des centaines, voire des milliers d'étoiles ont été « scannées », dont certaines sur 2 milliards de canaux différents. Mais on considère que la quête du programme SETI n'en est qu'à ses débuts tant le nombre d'étoiles candidates est élevé.

Tendre une oreille vers le cosmos n'est pas la seule manière de répondre à la question : Sommes-nous seuls dans l'Univers ? La communication fonctionnant dans les deux sens, envoyer un message à d'éventuelles civilisations extraterrestres pourrait également nous permettre d'établir ce fameux « contact ». L'idée d'un SETI « actif » a donné lieu à plusieurs initiatives. Les premières sont les plaques d'aluminium doré posées sur les sondes Pioneer 10 et 11 qui sont parties explorer le système solaire, respectivement en 1972 et en 1973. Mesurant 23 sur 15 cm, ces plaques comportent plusieurs dessins : la représentation d'une propriété de l'atome d'hydrogène, un homme et une femme nus devant la silhouette de Pioneer afin de donner une idée de leur taille, un schéma du système solaire et sa position dans l'espace.

Bouteilles à la mer

C'est dans le même état d'esprit qu'en 1977 ont été envoyés, sur les sondes Voyager 1 et 2, deux disques sur lesquels ont été enregistrés des sons et des images de la Terre. On y trouve notamment : un message de paix (en anglais) du secrétaire général des Nations unies de l'époque, Kurt Waldheim, 116 images diverses (photographies de paysages, d'humains, d'animaux ou de planètes, planches anatomiques, données scientifiques), un message de bienvenue en 55 langues, une série de sons (volcan, vent, grenouille, baiser, train) et une sélection musicale de 90 minutes qui va de classiques comme le *Concert brandebourgeois n° 2* de Bach ou l'aria de la reine de la nuit dans *La Flûte enchantée* de Mozart à la chanson « Johnny B. Goode » de Chuck Berry en passant par un chant de mariage péruvien ou un morceau de flûte des îles Salomon. Les sondes Pioneer et Voyager ont quitté le système solaire et ces bouteilles à la mer naviguent lentement dans l'espace intersidéral sans destination aucune, avec une chance infime que quelqu'un les « repêche » un jour.

Les messages radio envoyés à plusieurs reprises en direction du ciel vont plus vite. Le premier est parti en 1974 en direction d'un lointain amas d'étoiles et, même en se déplaçant à la vitesse de la lumière, il n'atteindra sa destination que dans 25 000 ans environ. Depuis la découverte des premières planètes extrasolaires, ces initiatives se sont multipliées car les cibles sont à la fois bien identifiées et beaucoup plus accessibles puisque les astronomes ont d'abord scruté les étoiles les plus proches. Ainsi, 501 textes, photographies et dessins ont été émis le 9 octobre 2008 vers le système solaire de l'étoile Gliese 581. Comme celle-ci n'est distante que d'un peu plus de 20 années-lumière de nous, le message devrait arriver là-bas au début de l'année 2029. À supposer qu'une civilisation communicante existe, le reçoive et décide d'y répondre, nous aurons notre premier contact en 2050.

Il se peut également qu'une autre réponse soit déjà en route et nous arrive un jour prochain. En effet, depuis le début du XXe siècle, nous avons envoyé dans l'espace nos émissions de radio puis celles de télévision. Elles aussi se déplacent à la vitesse de la lumière et certaines ont déjà atteint depuis longtemps quelques exoplanètes. Mais si des extraterrestres les ont reçues et se sont fait une idée de notre civilisation et de notre espèce en les décryptant, il n'est pas sûr qu'ils aient envie de nous répondre…

À retenir

• En découvrant les nouveaux mondes que sont les planètes situées hors de notre système solaire, les astronomes ont franchi la première étape dans la quête d'une vie extraterrestre, qu'elle soit simple ou complexe.

• Plusieurs centaines de ces planètes sont déjà répertoriées et la détection de planètes semblables à la Terre interviendra très probablement au cours des années qui viennent.

• Nombre de paramètres, dont la plupart nous sont encore inconnus, conditionnent l'habitabilité de ces exoplanètes et la possibilité que des formes de vie y apparaissent et y évoluent vers des espèces intelligentes et des civilisations technologiques capables d'entrer en communication avec nous.

• Depuis une cinquantaine d'années, des chercheurs écoutent le ciel avec des radiotélescopes en espérant y capter des signaux artificiels qui signeraient la présence de civilisations extraterrestres.

• Dans le même temps, plusieurs messages ont été, volontairement ou non, envoyés par l'humanité dans le cosmos : messages physiques à bord des sondes Pioneer et Voyager, messages radio en direction de planètes extrasolaires mais aussi émissions de radio et de télévision.

Y a-t-il d'autres Univers ?

La cosmologie, qui tente de saisir les propriétés du cosmos pour mieux le modéliser, est aussi un grand terrain de jeu pour chercheurs imaginatifs. Ces astrophysiciens y testent notamment quantité d'Univers parallèles aux nôtres, des mondes fascinants que nos propres doubles peuplent parfois…

Dans *Les Aventures d'Alice au pays des merveilles*, Lewis Carroll emporte sa jeune héroïne dans un étrange univers parallèle où elle subit plusieurs transformations physiques et où un lapin blanc est perpétuellement en retard. Comme si les lois de la logique, de l'espace et du temps n'y étaient pas les mêmes que dans le nôtre. Le concept d'Univers parallèle n'est pas l'apanage des auteurs de contes ou de science-fiction. Les cosmologistes s'y réfèrent régulièrement et s'apparentent à des Lewis Carroll de l'astrophysique lorsqu'ils réfléchissent aux caractéristiques que pourraient présenter d'autres mondes. Ces chercheurs ont en effet modélisé notre Univers et peuvent « s'amuser », en modifiant quelques paramètres, à en imaginer d'autres qui en différeraient légèrement. L'idée consiste à voir si ces mondes parallèles portent en eux les conditions de leur propre pérennité, s'ils peuvent influer sur le nôtre ou en expliquer certains mystères.

Le cosmologiste américain d'origine suédoise Max Tegmark a proposé il y a quelques années une classification de ces Univers, à la manière des taxonomistes qui ont rangé les espèces vivantes dans des familles. Max Tegmark a distingué quatre niveaux, allant du simple au plus compliqué et au plus théorique. La première façon de concevoir ces Univers multiples (ou multivers) consiste à s'intéresser aux limites connues du nôtre. Nous ignorons si notre cosmos est infini, même si l'analyse du rayonnement fossile le laisse penser. Mais, en tout état de cause, notre Univers observable, lui, est fini et se circonscrit à une sphère centrée sur la Terre, une sphère dont le rayon est d'environ 46 milliards d'années-lumière. Par conséquent, si l'Univers est infini, au-delà des frontières de notre bulle existent donc une infinité d'autres bulles. C'est le multivers de niveau 1. Et rien n'interdit de penser que, dans une de ces bulles, un autre vous-même est en train de lire ces lignes.

Un jeu de poupées russes

La seconde famille de multivers englobe la première, comme dans un jeu de poupées russes. Admettons que notre Univers soit celui qui est décrit dans le paragraphe précédent, un assemblage de bulles. Celles-ci obéissent aux mêmes lois naturelles, la matière qui les compose a la même structure, les constantes de la physique sont les mêmes partout. Mais rien n'oblige ces lois, ces structures et ces constantes à être identiques dans un Univers parallèle, complètement distinct du nôtre. Pour prendre une comparaison, un multivers de niveau 1 évoque le cloisonnement qui existait entre les civilisations dans l'Antiquité : les Grecs, les Indiens d'Amérique et les Chinois évoluaient dans les limites de leurs horizons respectifs. Ils ne se rencontraient pas mais étaient soumis aux mêmes conditions de vie.

Pour poursuivre la métaphore, imaginons que la vie existe partout dans le système solaire qui, lui, équivaut à un multivers de niveau 2. Ainsi, les Vénusiens sont soumis à une chaleur infernale, dans une atmosphère écrasante. Pour les Martiens, au contraire, le froid domine et l'atmosphère est extrêmement ténue. Pour les Saturniens, qui vivent sur une planète dite « gazeuse », il n'y a pas de sol et ils nagent dans des océans d'hydrogène liquide... Dans chaque entité de ce multivers schématique qu'est le système solaire, les conditions initiales sont différentes.

Il en va de même dans les vrais multivers de niveau 2, mais à une autre échelle puisque les différences concernent les forces de la nature, les propriétés des particules et les valeurs des constantes de la cosmologie. Modifier une de ces données peut avoir des conséquences immenses. Ainsi, on sait que si la masse du proton avait été supérieure de seulement 0,2 %, tous les protons nés lors du big bang se seraient transformés en neutrons et jamais les atomes n'auraient vu le jour. De la même manière, si la force nucléaire forte qui assure la cohésion des noyaux atomiques avait été différente, les étoiles auraient eu beaucoup de mal à forger le carbone et de nombreux éléments nécessaires à la constitution d'une planète. Les « réglages » de notre Univers sont si fins que certains, partisans du principe dit « anthropique », estiment qu'il a été « préconçu » pour accueillir la vie et l'homme.

Les gagnants du loto

Cet anthropocentrisme, souvent mal vu dans le monde scientifique où les révolutions coperniciennes ont retiré à l'homme sa place particulière dans l'Univers, n'a peut-être pas de raison d'être. En effet, les cosmologistes pensent que, dans un multivers de niveau 2, une infinité de combinaisons ont été en quelque sorte « testées » par la Nature et que nous évoluons dans une des plus « chanceuses ». Personne, si ce n'est le hasard, ne tient la main d'un futur gagnant du loto pour lui faire cocher les bons numéros. La plupart des autres combinaisons donnent naissance soit à des Univers avortés qui, à peine ont-ils surgi du néant, y retournent, soit à des Univers stériles où la matière ne se forme pas, soit à des Univers imprévisibles parce que le temps y a plusieurs dimensions... ou aucune.

Comme l'ont fait remarquer les cosmologistes Alejandro Jenkins et Gilad Perez dans un article publié dans le Scientific American de janvier 2010, cette difficulté à fabriquer des Univers viables n'est pas insurmontable. Ils ont ainsi imaginé un monde où seulement 3 des 4 forces de la nature subsisteraient en enlevant l'interaction nucléaire faible qui permet notamment aux protons de se convertir en neutrons dans les réactions thermonucléaires entretenant le feu des étoiles. Est-ce à dire que ce monde n'aurait pas d'étoiles ? Non, car en ajustant légèrement les paramètres du big bang, il y aurait dans cet Univers assez d'hydrogène lourd (dont le noyau comporte un proton et un neutron, contre seulement un proton pour l'hydrogène normal) pour assurer un autre type de fusion thermonucléaire. Les étoiles y seraient plus petites, mais bien actives. Les auteurs de cet article estiment donc que, tout comme il y a régulièrement des gagnants au loto, il doit exister une panoplie de mondes où ce type d'ajustement a permis la création d'étoiles, de planètes et de vie.

Tous les possibles existent

Il est même possible, selon la théorie des Univers féconds du physicien américain Lee Smolin, que notre Univers chanceux soit le résultat d'une sorte d'évolution cosmique, un équivalent astronomique de la théorie de l'évolution darwinienne. Lee Smolin a en effet imaginé qu'à chaque fois que se forme un trou noir dans un Univers, apparaît à l'autre « bout » un nouvel Univers, avec des conditions initiales légèrement modifiées. Comme s'il y avait eu une légère mutation dans l'ADN du monde originel. De cette manière, seuls les Univers capables d'un minimum de survie pourraient se reproduire, évoluer et transmettre leurs « gènes » à leurs héritiers… Le niveau 3 des multivers va plus loin dans l'imaginaire puisqu'il s'inspire des propriétés bizarres de la mécanique quantique. Ce pan de la physique de l'infiniment petit s'appuie sur le principe d'incertitude, lequel dit, par exemple, qu'il est impossible de prédire la position précise d'une particule, mais que l'on peut en revanche déterminer avec exactitude la probabilité pour qu'elle soit à tel ou tel endroit. C'est le fait d'effectuer une mesure de la position qui la fixe. Sans mesure, on reste dans le flou, comme si la particule n'avait pas de localisation, ou bien comme si elle en avait plusieurs en même temps.

Pinacothèque infinie

De la même manière, dans le niveau 3 des multivers, tous les possibles de notre Univers existent et cohabitent. Il y a donc un Univers où la France rafle toutes les médailles d'or aux Jeux olympiques... Dans cette vision des choses, chaque possibilité de décision crée un nouvel Univers. Il y a donc un Univers où vous continuez à lire ce texte et un autre où vous vous arrêtez.
La nature même du temps en est profondément modifiée. Avec un multivers de niveau 3, étant donné que le monde est la pinacothèque infinie de l'Univers des possibles, le temps n'est qu'une manière d'organiser ces Univers-tableaux en séquences, un peu comme un créateur de dessin animé réalise image statique après image statique puis les projette à une certaine vitesse pour donner l'illusion du mouvement et du passage du temps. Quant au niveau 4, développé par Max Tegmark lui-même, il semble encore plus incroyable : à cette échelle des multivers, tout modèle mathématique d'Univers viable dispose d'une contrepartie réelle quelque part...

Toutes ces idées peuvent paraître loufoques, comme le sont certains jeux mathématiques. Mais rien ne pourra jamais les réfuter ni les confirmer, ce qui montre leurs limites. Ce n'est pas tout à fait le cas de la théorie récente des « branes » (diminutif de membranes). Selon elle, notre Univers est une sorte de membrane flottante, aux côtés d'autres membranes, dans un espace plus grand doté de davantage de dimensions. Lorsque ces structures se rencontrent, l'énergie de la collision se transforme en matière et en rayonnement. Cela s'appelle ni plus ni moins... un big bang. Cette théorie prévoit aussi que certaines particules ne sont pas attachées à la brane comme l'est la matière normale et peuvent voyager à travers les dimensions supplémentaires du monde. Si c'est le cas, le LHC, le plus grand accélérateur de particules de la planète, pourrait bien les détecter un jour. Ce qui marquerait à coup sûr une révolution cosmologique.

À retenir

• En modifiant les paramètres de notre cosmos et en jouant sur les notions d'espace et de temps, les astrophysiciens peuvent concevoir le monde comme un empilement d'Univers multiples, les multivers, qu'ils classent en quatre niveaux.

• Certains présentent les mêmes caractéristiques physiques que le nôtre et lui sont comme juxtaposés, tandis que d'autres sont très différents au point, par exemple, de disposer de plusieurs dimensions temporelles.

• Un modèle fait l'hypothèse que le monde est composé d'une infinité d'Univers qui représentent chacun une photographie possible du cosmos. Le temps ne serait alors qu'une manière d'organiser ces images statiques en séquences, tout comme le cinéma donne l'illusion du mouvement en faisant défiler rapidement des clichés.

• La plupart de ces modèles présentent un inconvénient majeur : personne n'aura jamais la possibilité de les tester et donc de les valider ou de les réfuter, ce qui est le cheminement normal de toute théorie scientifique. Cela n'est néanmoins pas le cas de la théorie des « branes », qui pourrait être vérifiée grâce au LHC, le plus grand accélérateur de particules de la planète.

Quel destin pour l'Univers ?

De la même manière qu'ils ont imaginé et calculé le big bang, les cosmologistes proposent des scénarios déterminant le sort ultime de l'Univers. Ils décrivent en général un cosmos mourant sous l'effet de sa propre expansion, un monde vide, glacial et sombre, où la matière elle-même s'est désagrégée.

Les cosmologistes sont comme des mages fascinants qui détiendraient les clés de l'Univers. Dans le monde scientifique, ils font partie des rares chercheurs qui, avec les paléoanthropologues et les archéologues, peuvent répondre aux nombreuses interrogations du grand public sur les origines de l'humanité. « D'où venons-nous ? », « Qu'est-ce que le big bang ? », « Y a-t-il eu quelque chose avant ? » font partie des questions qu'on leur pose le plus fréquemment. Mais, par rapport aux paléoanthropologues et aux archéologues qui, par définition, ont les pieds ancrés dans le passé, les cosmologistes peuvent répondre à une autre question tout aussi fascinante, celle de notre destin. De la même manière qu'ils ont calculé le passé de l'Univers en écrivant le scénario du big bang, ils peuvent déterminer son avenir en renversant la flèche du temps. Que se passe-t-il si l'on applique les lois de la physique aux prochains milliards d'années ?

Il faut commencer par s'intéresser au plus fragile, notre petit coin d'Univers. D'ici 2 à 3 milliards d'années, notre galaxie, la Voie lactée, fusionnera ou commencera à fusionner avec ses voisines, le Petit et le Grand Nuage de Magellan et surtout la galaxie d'Andromède. Étant donné les distances énormes qui séparent les étoiles les unes des autres, avec un peu de chance cela ne devrait pas avoir trop de conséquences sur notre Soleil et son cortège de planètes. En revanche, dans 4 ou 5 milliards d'années, lorsque la Voie lactée et Andromède auront terminé de se digérer mutuellement, notre étoile entrera dans le dernier stade de son évolution. Ayant consommé l'hydrogène situé dans son cœur, l'astre de nos jours sera agité d'une courte série de soubresauts destinée à trouver d'autres sources de « carburant » pour ses réactions thermonucléaires. Il gonflera tel un ballon de baudruche pour se transformer en géante rouge, avalant Mercure et Vénus au passage. Tout à coup proche de la surface solaire, la Terre perdra son atmosphère et verra ses océans s'évaporer puisque la température à sa surface s'élèvera de plus de 1 700 °C. Puis, notre planète finira engloutie dans les couches supérieures de son étoile, laquelle éjectera une partie de sa substance dans l'espace pour se transformer en une naine blanche, un cadavre d'étoile inactif mais encore chaud.

Trois scénarios

C'est souvent à cet endroit que s'arrêtent les prévisions des astrophysiciens comme si, finalement, plus grand-chose n'avait d'intérêt après la disparition du berceau de l'humanité. Pourtant, le cosmos ne mourra pas avec cette minuscule poussière qu'est la Terre. Les cosmologistes savent bien que 5 milliards d'années, ce n'est en réalité que... du court terme. L'avenir de l'Univers se jouera avec beaucoup plus de zéros au compteur des années.

Pour ce qui est de la suite, les chercheurs ont longtemps hésité entre trois scénarios, ne sachant pas trop comment l'expansion de l'Univers risquait de se comporter. Soit, premier cas de figure, la gravité l'emportait et l'expansion se transformait en contraction. Au bout du compte, le cosmos se ratatinait de plus en plus vite et tout se terminait dans l'inverse du big bang, un big crunch, un effondrement total de l'espace, de la matière et du temps en un point. Soit, deuxième possibilité, la gravité ralentissait l'expansion de l'Univers de plus en plus, mais sans jamais pouvoir inverser le mouvement, et le cosmos connaissait une vieillesse longue et tranquille dans un paysage quasi inchangé, attendant simplement que toutes ses ressources s'épuisent. Soit, troisième et dernier scénario, la gravité perdait le combat et l'expansion de l'Univers s'accélérait.

La fin de l'ère stellaire

On sait, depuis 1998, que ce scénario est en train de se produire sous l'action d'une mystérieuse énergie noire à effet répulsif. Comment cela va-t-il se traduire ? Dans un premier temps, il ne se passera rien de particulier. Les galaxies du Groupe local (qui inclut la Voie lactée et la galaxie d'Andromède) continueront à fusionner doucement, les unes après les autres. Les nuages de gaz présents dans les galaxies, réensemencés en éléments lourds par les explosions d'étoiles mourantes, continueront de se contracter pour donner de nouvelles étoiles et de nouveaux systèmes solaires. Les

plus petites des étoiles ne nécessitant pas de grandes quantités de matière pour se former et ayant des durées de vie de plusieurs milliers de milliards d'années, il se passera environ 100 000 milliards d'années avant d'arriver au bout de ce que les astrophysiciens appellent « l'ère stellaire », dans laquelle nous sommes entrés environ 200 millions d'années après le big bang.
Petit à petit, le ciel s'assombrira. Cela se fera d'abord de manière insidieuse. En raison de l'expansion accélérée du cosmos, toutes les galaxies avec lesquelles la future « super-Voie lactée » n'entretiendra aucun lien gravitationnel sortiront une à une de notre champ de vision, tombant hors de l'Univers observable. Puis, les étoiles de la galaxie mourront les unes après les autres et s'éteindront comme si l'on soufflait lentement toutes les bougies d'un gigantesque gâteau d'anniversaire. Si l'on fait exception des naines brunes, ces étoiles avortées qui n'ont pas atteint la masse critique pour déclencher en elles le feu thermonucléaire, tous les autres objets massifs de la galaxie seront des cadavres d'étoiles : naines blanches pour les plus chauds, naines noires pour les plus froids, étoiles à neutrons, trous noirs.

Les trous noirs s'évaporent

On pourrait croire qu'il n'y a plus guère d'évolution possible, mais, comme c'est le cas avec les cadavres d'animaux, il existe des charognards cosmiques : ce sont les trous noirs. Dans les galaxies, les étoiles, mêmes mortes, continuent de se mouvoir, de se croiser et de perturber les trajectoires de leurs voisines. Certaines finissent par être éjectées tandis que d'autres se rapprochent du centre galactique où trône généralement un trou noir supermassif. Plus le temps passe, plus ce phénomène s'accélère. De plus en plus d'astres errent dans le vide intergalactique et les trous noirs centraux grossissent.

Selon certains chercheurs, tout cela n'aura qu'un temps, car ni la matière ni les trous noirs ne sont immortels. Dans 10 millions de milliards de milliards de milliards d'années (un 1 suivi de 34 zéros, qui se note 10^{34}), les protons situés dans les noyaux atomiques vont se désintégrer en particules plus petites. Comme les neutrons solitaires ont une espérance de vie d'environ dix minutes, la matière des étoiles à neutrons, des naines brunes, blanches ou noires se désagrégera. Il ne restera plus que les trous noirs dans un océan de quasi-vide, dans un espace de plus en plus froid. On a coutume de dire que rien n'en sort, pas même la lumière. En réalité, un rayonnement extraordinairement faible, né de fluctuations microscopiques, s'en échappe. Il porte le nom du cosmologiste britannique Stephen Hawking qui l'a prédit. En temps normal, ce phénomène ne peut se voir, car le trou noir absorbe beaucoup plus qu'il n'émet. Mais entouré par le néant, le trou noir ne pourra rien faire d'autre que s'évaporer très lentement. Si lentement qu'il faudra probablement plus de 10^{100} ans (un 1 suivi de 100 zéros !) à tous les trous noirs de l'Univers pour restituer leur masse sous forme de rayonnement Hawking. Dans les dernières secondes de leur existence, ils brilleront, allumant de-ci de-là, les derniers feux qui seront jamais visibles dans le cosmos.

La grande déchirure

Celui-ci, proche du zéro absolu, entrera alors dans l'âge des ténèbres. À partir de ce moment très lointain, il ne contiendra rien d'autre que la matière sombre exotique – qui compte actuellement pour 23 % du contenu de l'Univers et dont on ignore la nature – ; des particules immortelles comme les électrons et leurs antiparticules, les positons, et des photons, des grains d'énergie. Cet état est celui de la mort thermique de l'Univers, imaginé par lord Kelvin, physicien britannique, dès le milieu du XIXe siècle.

Un scénario alternatif à cette longue agonie a été imaginé en 2003 par trois chercheurs américains. Il n'est pas moins dramatique, mais il a le mérite d'abréger les souffrances cosmiques. Cette hypothèse du big rip (la grande déchirure en français) s'appuie sur l'idée que l'énergie noire augmente au cours du temps et que l'accélération de l'expansion de l'Univers… s'accélère. Comme le résume le cosmologiste français Jean-Pierre Luminet dans *Le Destin de l'Univers, « toute la matière de l'Univers, même les atomes, sera déchirée par la dilatation de l'espace. D'après le scénario le plus pessimiste, cet événement se produirait dans 22 milliards d'années. (...) Environ 60 millions d'années avant le big rip, la gravité sera trop faible pour maintenir la cohésion de notre galaxie qui se dispersera ; trois mois avant le big rip, le système solaire sera déchiré ; dans les dernières minutes, étoiles et planètes seront déchiquetées et 10-19 seconde avant, les atomes et les noyaux seront détruits, laissant un Univers vide et sans aucune structure ».* Pour l'heure, rien ne laisse supposer que l'énergie noire augmentera ainsi et ce scénario demeure spéculatif. Néanmoins, tout comme celui de la mort thermique de l'Univers, il a le mérite de montrer que la matière et l'espace ne sont pas les notions intangibles auxquelles la vie à notre échelle d'humain nous a habitués.

À retenir

• Le scénario décrivant le destin ultime du cosmos s'étale sur plus de 10^{100} ans (soit un 1 suivi de 100 zéros). Il se base sur le fait que l'expansion de l'Univers s'accélère.

• Après la mort du Soleil, dans environ 5 milliards d'années, et la fusion de la Voie lactée avec la galaxie d'Andromède, qui interviendra à peu près à la même époque, les changements seront insensibles.

• Mais petit à petit, les galaxies lointaines disparaîtront de notre champ de vision tandis que les étoiles de notre galaxie s'éteindront les unes après les autres. Il ne restera plus que des étoiles avortées ou des cadavres stellaires, naines blanches et noires, étoiles à neutrons, trous noirs.

• Puis, la matière même de ces restes d'étoiles finira par se désagréger lorsque les protons présents dans les noyaux atomiques se désintégreront. Les trous noirs eux-mêmes s'évaporeront, restituant leur masse au cosmos. L'Univers entrera alors dans l'âge des ténèbres.

• Un scénario alternatif mais plus spéculatif, celui de la grande déchirure, prévoit que la mort du cosmos sera beaucoup plus rapide, l'Univers se déchiquetant sous l'effet d'une expansion galopante.

La cosmologie bientôt à l'âge adulte

Avec l'explosion des connaissances et des techniques scientifiques au XXe siècle, on aurait pu croire que la cosmologie, cette branche de l'astronomie qui envisage l'Univers comme un système physique global, entrerait rapidement dans l'âge adulte. En effet, les astronomes et les physiciens ont fait plus de découvertes fondamentales au cours de ce siècle que pendant tout le reste de l'Histoire. Albert Einstein, avec sa théorie de la relativité générale, a révolutionné la compréhension de la gravitation en montrant qu'il ne s'agissait pas de la force d'attraction à distance imaginée par Newton, mais bel et bien de la manière dont se manifeste la déformation de l'espace-temps, provoquée par la masse des astres. Ce même Einstein a montré l'équivalence entre la masse et l'énergie, ce qui a ouvert la voie à la physique des réactions nucléaires. Autre avancée majeure : le développement de la mécanique quantique qui décrit le comportement des atomes et des particules. Avec, d'un côté, la relativité générale pour régir l'infiniment grand et le très massif et, de l'autre, la mécanique quantique pour commander à l'infiniment petit, les physiciens étaient bien armés. Parés à comprendre le fonctionnement des étoiles et à « détricoter » l'histoire du cosmos en tirant le fil de la matière. C'est ainsi qu'ils sont parvenus à dépeindre un « modèle standard » de la cosmologie, basé sur le big bang et sur l'expansion de l'Univers, tout comme il y a un « modèle standard » de la physique des particules. Le tableau semblera idyllique si l'on ajoute à ces percées théoriques les pas de géant accomplis par la technique. Le XXe siècle, c'est la course aux télescopes de plus en plus grands, des miroirs géants qui détrônent les lunettes du siècle précédent ; c'est l'arrivée des caméras électroniques, beaucoup plus sensibles et plus pratiques que les bonnes vieilles plaques photographiques ; c'est la possibilité de travailler dans toutes les longueurs d'onde, des ondes radio aux rayons gamma ; c'est enfin l'entrée dans l'âge spatial. L'accès à l'espace a marqué l'astronomie de deux manières. La première, extrêmement spectaculaire, a consisté à expédier des hommes ou des machines explorer le système solaire pour mieux en comprendre la formation et l'évolution. Avec les missions Apollo, de 1969 à 1972, les États-Unis envoient pour la première fois des êtres humains sur un autre corps céleste que la Terre. Des rovers comme Spirit et Opportunity roulent sur la planète Mars et en analysent le sol. Les sondes Voyager rendent visite aux planètes gazeuses du système solaire externe : Jupiter, Saturne, Uranus et Neptune. La seconde manière de faire de l'astronomie dans l'espace consiste à y placer des télescopes qui y seront affranchis des contraintes et des turbulences dues à l'atmosphère terrestre. L'exemple le plus connu est celui du télescope spatial Hubble, lancé en 1990 et toujours opérationnel, qui est, sans contestation possible, l'instrument le plus « prolifique » de toute l'histoire de l'astronomie puisqu'il a donné naissance à plusieurs milliers de publications scientifiques. On citera également les satellites SOHO (étude du Soleil), Integral (rayons X et gamma) ou bien WMAP (étude du rayonnement fossile). Mais, malgré tous ces progrès, on ne peut pas dire que la cosmologie soit véritablement entrée dans l'âge adulte. Elle en est encore à cette étape où l'enfant, aux réponses qu'on lui donne, pose de nouveaux « pourquoi ? ». Au fur et à mesure que la science a semblé lever le voile de mystère posé sur le cosmos, son origine et son fonctionnement, elle n'a fait qu'énoncer de nouvelles questions, comme un promeneur qui, avançant dans le brouillard, découvre un nouveau chemin sous ses pieds sans savoir pour autant où il mène. Qui veut dresser le bilan critique de la cosmologie actuelle n'a que l'embarras du choix. Certes, le modèle du big bang rend compte, mieux qu'aucun autre, de ce que devait être l'Univers primitif, mais il se heurte au mur qui le mènerait à l'origine, au « temps zéro ». Faute de disposer d'une théorie unifiant la gravitation et la mécanique quantique, ce mur reste infranchissable. On ignore ce qu'il y a réellement au commencement des temps, s'il y a un pré-big bang ou comment le cosmos a pu atteindre en une fraction de seconde des dimensions considérables. De la même façon, nous ignorons encore de quoi est composé 95 % de l'Univers, ce qu'est cette mystérieuse énergie noire qui accélère son expansion et ce qu'est la matière sombre que nous ne parvenons pas à palper ni même à voir. Enfin, les astronomes, en détectant quantité de planètes tournant autour d'autres soleils que le nôtre, ont redonné une vigueur décuplée à la recherche de la vie ailleurs, grand échec du XXe siècle, grand espoir du XXIe siècle. C'est le destin et la beauté de la science de soulever des énigmes inattendues en résolvant un problème. Une manière élégante de renouveler sans cesse la fascination des hommes pour la quête de leurs origines.

OUVRAGES SCIENTIFIQUES

- Xuan Thuan (Trinh), *Origines. La Nostalgie des commencements*, Gallimard, collection « Folio essais », 2010 (édition mise à jour)
- Luminet (Jean-Pierre), *Le Destin de l'Univers*, Fayard, 2006
- Reeves (Hubert), *Poussières d'étoiles*, Le Seuil, collection « Points Sciences », 1994
- Hawking (Stephen), *Une brève histoire du temps*, Flammarion, 1989
- Baudin (Frédéric), *Quels mystères le Soleil recèle-t-il encore ?*, Le Pommier, collection « Les Petites Pommes du savoir », 2010
- Chardin (Gabriel), *L'Antimatière, la matière qui remonte le temps*, Le Pommier, collection « Poche », 2006
- Université de tous les savoirs, sous la direction de Michaud (Yves), *Qu'est-ce que l'Univers ?* volume 4, Odile Jacob, 2001
- Sagan (Carl), *Cosmos*, Éditions Mazarine, 1981
- Greene (Brian), *L'Univers élégant*, Gallimard, collection « Folio essais », 2005
- Mitton (Jacqueline), *L'Astronomie de A à Z*, Grancher Éditions, 1999
- Maury (Jean-Pierre), *Comment la Terre devint ronde*, Gallimard, collection « Découvertes », 1989
- Xuan Thuan (Trinh), *Voyage au cœur de la lumière*, Gallimard, collection « Découvertes », 2008
- Brack (André) et Leclercq (Bénédicte), *La Vie est-elle universelle ? Des premiers êtres vivants à l'exploration spatiale*, EDP Sciences, collection « Bulles de sciences », 2003
- Rosnay (Joël de) en collaboration avec Papillon (Fabrice), *Et l'Homme créa la vie : la folle aventure des architectes et des bricoleurs du vivant*, Les liens qui libèrent, 2010

SITES INTERNET

- www.cnrs.fr/cw/dossiers/dosbig
- www.nasa.gov
- www.eso.org
- www.esa.int
- www.astronomes.com
- http://media4.obspm.fr/public/AMC/index.html
- http://map.gsfc.nasa.gov/universe
- http://solarsystem.nasa.gov
- http://planetquest.jpl.nasa.gov
- http://science.nasa.gov/astrophysics
- http://hubblesite.org
- www.cieletespace.fr
- http://astrosurf.com/luxorion
- www.seti.org

EDITIONS ESI

60, rue Vitruve, 75020 Paris

Imprimé en République tchèque par Finidr

ISBN : 978-2-8226-0060-6 - N° Sofédis : S498431